Étoiles d'avenir
La recherche scientifique rennaise en 85 portraits

Jacques Rolland est enseignant-chercheur de mathématiques à l'Université de Rennes 1.
Il y a exercé diverses responsabilités administratives, il a notamment été vice-président, responsable du campus scientifique de Beaulieu.
Ses engagements politiques dans la Cité ne l'ont jamais éloigné du monde universitaire.
Au conseil municipal de la ville de Rennes, il est conseiller délégué à la santé de 1977 à 1983, maire-adjoint ou conseiller municipal délégué à l'enseignement supérieur et à la vie universitaire de 1995 à 2008.
Au district de Rennes devenu, en 2000, Rennes-Métropole, il est vice-président, délégué à l'enseignement supérieur et à la recherche de 1995 à 2008.

ISBN 978-2-84398-307-8

Jacques Rolland

Étoiles d'avenir

La recherche scientifique rennaise en 85 portraits

Éditions Apogée

Préface

Je remercie Jacques Rolland d'avoir eu l'excellente initiative de la présente publication, consacrée aux jeunes acteurs de la recherche scientifique rennaise.

En charge de ce secteur, dans ses mandats électifs municipaux et communautaires, lui-même enseignant-chercheur, il connaît particulièrement ce champ, son organisation et ses acteurs.

Près de quarante années d'implication réfléchie et active, l'autorisent à un jugement sûr et serein qui ne s'est jamais départi de l'enthousiasme exigeant que je lui ai toujours connu.

Pétri de culture républicaine, il sait que le progrès de la société repose en grande partie sur la connaissance, son plus large partage et son utilisation la plus constante, la plus performante, techniquement et socialement.

Mais toute connaissance a besoin d'être remise en cause, enrichie, vivifiée. Elle ne constitue pas un capital figé.

L'Histoire le prouve. La recherche est au cœur de cette dynamique mais elle a besoin de légitimité, de liberté, de continuité, de moyens : c'est à l'État d'y veiller, de définir des priorités.

Les collectivités territoriales ne sauraient être absentes de ce mouvement : il en va du développement territorial, de la place des chercheurs dans la société, de l'idée même de recherche.

Comment sensibiliser au mieux nos compatriotes si ce n'est en leur présentant ces chercheurs, leurs cursus, leur œuvre... en leur permettant de « faire connaissance ».

Les nombreuses expositions, conférences, portes ouvertes, publications, journées y concourent mais l'ouvrage de Jacques Rolland, par son exhaustivité, sa présentation ajoute heureusement.

Il constitue également un hommage à ces hommes et à ces femmes qui participent à notre avenir et méritent notre reconnaissance.

Edmond Hervé,
Président de Rennes-Métropole,
Maire de Rennes.

Avertissement

Pour réaliser ce livre, j'ai sollicité les chercheurs qui, au cours des dernières années, me sont apparus « porteurs d'avenir ».

Mon objectif est de les faire connaître, de leur permettre d'exposer au grand public leurs travaux.

Je leur ai également demandé au travers d'une citation, d'illustrer leur discipline, leur opinion sur la recherche scientifique.

Une très grand majorité des chercheurs sollicités m'ont fait grand plaisir en acceptant, souvent avec enthousiasme, de participer à ce travail.

Pour des raisons qui leur sont propres, parfois un excès de modestie, quelques-uns n'ont pas souhaité donner suite et s'associer à ce projet. Cela explique l'absence dans ce recueil de certaines personnalités de première importance sur le plan scientifique.

Cela ne diminue en rien ni leur qualité, bien évidemment, ni l'estime et l'amitié que je leur porte comme à celles et ceux qui ont répondu « présent(e) ».

La recherche scientifique rennaise
par les femmes et les hommes qui s'y consacrent

Ce recueil se veut témoignage de ce qui a fortement évolué durant la décennie 1998-2008, dans le domaine de la recherche scientifique à Rennes. Durant cette période, j'ai été en charge des questions d'enseignement supérieur et de recherche à Rennes-Métropole mais plutôt que de compiler des rapports d'activités annuels ou d'aligner de nombreuses statistiques, j'ai fait le choix de présenter d'une autre manière les actions que nous avons menées en mettant en lumière celles et ceux qui permettent à Rennes de nourrir de grandes ambitions pour ce siècle dans le domaine de la recherche.

En effet si le matériel compte, si les structures importent, la richesse essentielle de la recherche scientifique, peut-être plus que dans d'autres domaines, est faite des hommes et des femmes qui y consacrent leur intelligence, leur énergie, qui ont fait de cette activité leur passion.

À Rennes, en quelques années, moins de dix ans, un formidable renouvellement générationnel s'est produit. Rennes-Métropole, pour la part qui pouvait lui revenir, dans le respect des compétences de chacun, a encouragé, appuyé ce renouvellement.

Nos interventions financières ont été ciblées pour aider de jeunes et brillants chercheurs, « étoiles d'avenir » à s'installer ici dans les meilleures conditions, à porter des projets nouveaux, structurants, aptes à dynamiser un certain nombre de secteurs du futur.

Aujourd'hui, nous avons un potentiel humain extraordinaire dans les laboratoires de recherche rennais. C'est sur lui que repose l'avenir de l'Université rennaise. C'est grâce à lui que nos établissements de recherche pourront s'inscrire sur la carte de la recherche européenne. Cet objectif est un impératif car l'horizon d'une université, d'un centre de recherche n'est ni son académie ni sa région.

Le présent livre vous présente 85 chercheurs, jeunes, de 31 à 48 ans, qui dans les années qui viennent, « seront » la recherche rennaise.

Bien sûr, tout comme pour l'aide apportée à nombre d'entre eux, cette liste est le résultat d'un choix mais l'action politique est, par essence, l'exercice de choix. J'ai confiance en eux pour que, dans l'avenir, leurs travaux, leurs résultats en montrent la pertinence.

Jacques Rolland

Je me suis aussi imposé l'exercice de la citation choisie. Voici, pour éclairer mon action :

« Puisse donc l'œuvre de Galois rappeler sans cesse aux mathématiciens vieillissants qui auraient tendance à l'oublier que leur devoir envers la science leur commande de faire « place aux jeunes » et à leurs idées neuves, et d'aider à la diffusion et au succès de ces dernières par tous les moyens. »*

Jean Dieudonné, mathématicien (1906-1992) en préface de l'œuvre d'Evariste Galois, mathématicien (1811-1832)

---

* « Mathématiciens vieillissants » peut être remplacé par « scientifiques vieillissants » !

Sommaire

Sciences de la Terre et de l'Univers, écologie et environnement

Agronomie, production animale et végétale, technologie agroalimentaire

Sciences physiques, mécanique et ingénierie

Sciences chimiques

Mathématiques, électronique, sciences et technologies de l'information et de l'ingénierie

Sciences du vivant, santé

Sciences humaines et sociales

Sciences de la Terre et de l'Univers, écologie et environnement

Jean Braun
Ivan Couée
Philippe Davy
Yvan Lagadeuc
Dimitri Lague
David Renault
Philippe Vandenkoornhuyse

Appuyé sur la forte tradition des géosciences rennaises, le développement du Centre Armoricain de Recherches en ENvironnement (CAREN), au cours des années dix-neuf cent quatre-vingt dix, a largement contribué à faire venir à Rennes des chercheurs de haut niveau qui ont perçu qu'il y avait ici matière à faire de la recherche dans un environnement scientifiquement propice. Cela a dépassé les seules sciences géologiques pour toucher l'écobiologie, la géographie, le droit...

Ce qui frappe dans cette fédération de recherche, c'est la place faite aux jeunes tant au niveau scientifique qu'au niveau de la gestion et des responsabilités (les directeurs sont toujours jeunes !) ; avec une telle pratique l'attractivité est assurée. Sans être exhaustif citons Philippe Davy (ancien directeur), Yvan Lagadeuc (actuel directeur), Jean Braun, au parcours international impressionnant. Pour étudier la Terre il en a fait le tour, de la Belgique à l'Australie en passant par le Canada, pour de longs séjours scientifiques dans les centres de recherche les plus prestigieux. Mais, bien entendu celles et ceux qui se trouvent dans les pages qui suivent ou qui ont été soutenus par les aides de Rennes-Métropole contribuent et contribueront dans les années qui viennent à faire de ce secteur un élément fort de la recherche rennaise.

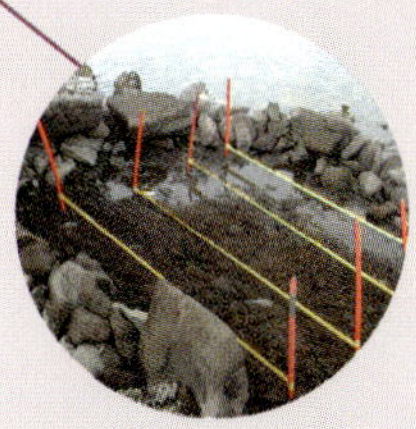

On sait l'importance des questions relative à l'environnement, en particulier celles liées à la qualité de l'eau, en Bretagne. Les scientifiques rennais, de manière très pluridisciplinaire, peuvent aider, par leur expertise, à trouver des réponses. Voilà bien un domaine de rencontre entre sciences et société.

Les « coups de pouce » de Rennes-Métropole

5 allocations d'installation scientifique, 40 000 € chaque :

Anne Atlan (2004)
Jean Braun (2005)
Yvan Lagadeuc (2003)
Gilles Ruffet (2001)
Philippe Vandenkoornhuyse (2004)

Participation à des acquisitions d'équipements scientifiques :

Stations automatiques météo (Philippe Clergeau) : 43 000€
Magnétomètre (Annick Chauvin) : 80 000€
Spectroradiomètre (Yvan Lagadeuc) : 80 000€
Plate-forme de génomique environnementale (Philippe Vandenkoornhuyse) : 100 000 €
Mesure algale par fluorescence (Myriam Bormans) : 35 000 €

> « What is more contemptible than a civilization that scorns knowledge of itself? »
> John Ralston-Saul

Jean Braun

46 ans — Géologue, spécialisé en géologie quantitative

- **Professeur des universités ; à l'Université de Rennes 1 depuis 2004**
- **Doctorat de l'Université de Liège (Belgique) (1988)**
- **Séjours scientifiques à l'étranger : à la Dalhousie University de Halifax (Canada) (1983–1988), à l'Australian National University de Canberra (Australie) (1989–2004)**
- **Lauréat d'une chaire d'excellence senior de l'Agence Nationale de la Recherche (ANR)**
- **Fellow of the Canadian Institute For Advanced Research (CIFAR)**

Je sculpte les montagnes sur mon PC.

Mes travaux portent sur la compréhension de la dynamique de la Terre, une planète bien particulière car caractérisée par une activité tectonique intense, actuelle et passée. En utilisant ma formation en physique et en mathématiques, je m'efforce de comprendre et de quantifier des processus naturels à grande échelle tels que la dérive des continents, la formation des chaînes de montagnes, l'érosion des glaciers ou la formation de ressources naturelles au sein des grands bassins sédimentaires. Ainsi, j'ai démontré comment interpréter des données thermochronologiques qui permettent de déduire, au delà de l'« âge » d'une roche, la vitesse de collision entre deux continents ou l'âge et la vitesse de formation d'une vallée (quand et comment elle a été creusée par un fleuve ou un glacier). J'ai également expliqué la géométrie tri-dimensionnelle de grandes failles comme la faille de San Andreas en Californie ou la Faille Alpine en Nouvelle-Zélande. J'ai démontré l'influence du climat et de l'érosion (phénomènes tels que l'incision fluviatile ou l'abrasion des glaciers menant à une redistribution de la masse à la surface de la Terre) sur l'équilibre des forces au sein d'une chaîne de montagnes actives. Mes travaux en géomorphologie m'ont également mené à quantifier les vitesses de transport du sol à la surface d'une colline ce qui a permis de mieux apprécier l'effet de la déforestation sur l'équilibre naturel des paysages.

Cela est-il si loin du quotidien ? Mes travaux de recherche en sciences de la Terre m'ont mené à développer des méthodes mathématiques qui sont maintenant utilisées dans des champs disciplinaires variés ; ainsi une méthode de résolution d'équations portant sur les mouvements et la déformation des roches à l'échelle planétaire est maintenant utilisée par des ingénieurs chargés de la construction des bordures de trottoirs dans les grandes villes américaines et par une dentiste scandinave travaillant sur la résistance mécanique des molaires.

« Le temps de la mer, comme les dieux installés dans le ciel, en rond autour d'un puits dont ils remontent, de temps en temps, une âme, un regard d'homme, un cœur de femme, ou quelques livres très anciens dont l'encre violette a pâli. »
Jean-Michel Maulpoix

Ivan Couée

47 ans — Biologiste, spécialisé en écologie

- **Professeur des universités; à l'Université de Rennes 1 depuis 1998**
- **École normale supérieure de Cachan**
- **Doctorat du Trinity College Dublin (Irlande) (1987)**
- **Maître de conférences à l'Université Bordeaux 1 (1987-1992)**
- **Chargé de recherche à l'Institut National de la Recherche Agronomique (Inra) (1992-1998)**
- **Chercheur invité à l'Université de Glasgow (Écosse)**

Art de vivre et bien-être chez les plantes stressées.

La vie vraiment très immobile des plantes dépend de leur faculté à ajuster en permanence leur développement et leur physiologie aux contraintes de l'environnement, aux cycles lumière-obscurité, aux cycles saisonniers, aux événements ponctuels ou chroniques de froid, de chaud, de sécheresse, de pollution, de changement climatique et anthropique, etc. L'ajustement à ces contraintes, plus ou moins gênantes, parfois même stressantes, comme un froid inhabituel et persistant, est un processus complexe, fait d'une multitude de mécanismes intégrant la perception de l'environnement (les plantes perçoivent ce qui les entoure), et des réponses très fines qui impliquent le génome et son expression (les plantes sont des organismes génétiques et plastiques, où le génome présente une forte interaction fonctionnelle avec l'environnement).

Mes travaux de recherche, initialement basés sur des mécanismes biochimiques et moléculaires à l'échelle de l'organisme et de la cellule, ont progressivement intégré les interactions avec l'écologie. Cette intégration progressive, ayant démarré par des travaux en conditions contrôlées de laboratoire, a permis de caractériser de nouvelles familles d'enzymes et de gènes des plantes et de montrer l'importance des interactions entre la nutrition carbonée et les réponses aux stress chez les plantes. La compréhension de ces interactions a été la source d'idées nouvelles en ingénierie écologique de remédiation des sols. L'étude des réponses aux stress environnementaux pose constamment la question de la pertinence des réponses en conditions contrôlées relativement aux véritables réponses écologiques dans des environnements complexes, hétérogènes et fluctuants. Depuis peu, la rencontre des concepts et des technologies de la génomique et de l'écologie permet d'envisager des études moléculaires directes en conditions naturelles.

La complexification de mes travaux dans un contexte réellement écologique met donc maintenant en œuvre de la génomique environnementale sur des plantes, mais aussi sur d'autres organismes photosynthétiques tels que les cyanobactéries, dans le but de comprendre comment des faisceaux de contraintes nutritionnelles et stressantes agissent sur des organismes ou des communautés d'organismes en conditions naturelles.

« John, lui, était sur une autre voie : c'est la variance qui le fascinait désormais - les systèmes en flux, erratiques et discontinus. Il essayait d'appréhender le fortuit, me disait-il, et d'écrire le livre du monde désordonné dans lequel nous vivons. »

William Boyd

Philippe Davy

48 ans — Géophysicien, spécialisé en dynamique des systèmes

- **Directeur de recherche CNRS ; à l'Université de Rennes 1 depuis 1987**
- **École normale supérieure de Cachan (1979–1983)**
- **Doctorat de l'Université de Paris XI (1983)**
- **Directeur de l'Institut fédératif de recherche CAREN (2000–2003)**
- **Directeur de l'UPR CNRS 4661 Géosciences Rennes (1996–1999)**
- **Directeur de l'ER 109 Centre de géomorphologie Caen–Rouen (1996–1997)**
- **Médaille de bronze du CNRS (1993)**
- **Prix Barrabé de la Société géologique de France (1995)**
- **Grand prix Aymé–Poirson de l'Académie des sciences (2001)**

Failles, eau : un mélange complexe.

Les fractures, l'eau qui coule dans le sous-sol ou les rivières ont comme point commun d'être des objets d'une grande complexité de forme et parfois de comportement. Comprendre leur organisation, leur dynamique, leur fonction est l'enjeu principal de mes recherches avec pour objectif de proposer des modèles autant explicatifs que prédictifs. Plus spécifiquement, mes thèmes de recherche portent sur la rupture dans les milieux géologiques, les modèles d'écoulement de l'eau dans les réservoirs fracturés, la dynamique des reliefs terrestres et des rivières, le ruissellement et l'érosion des versants, entre autres. Mes méthodes sont celles de la physique avec un mélange de théories, de calculs, d'expériences en laboratoire, et de mesures sur des systèmes naturels.

La question de l'hétérogénéité de ces milieux naturels est au centre de ces recherches à la fois parce que cela rend l'observation difficile (À quelle échelle faut-il le faire ? Avec quelle précision ?) et parce qu'il n'est pas évident, ni même quelquefois possible, de définir un modèle équivalent simple qui permettrait de se référer aux théories existantes. La popularité actuelle du modèle « fractal », sur lequel nous avons beaucoup travaillé, pour décrire nombre de systèmes naturels (ou autres, comme les cours de la bourse) démontre à la fois la reconnaissance de cette complexité intrinsèque de la nature, et la nécessité de la prendre en compte à toutes les échelles possibles, du détail aux grandes lignes.

Les phénomènes qui nous intéressent sont aussi des éléments de notre environnement, et le questionnement légitime de la société sur le devenir de ces ressources ou sur la prévision des risques a induit dans notre groupe de nouvelles formes de recherche qui visent à une meilleure quantification de ces phénomènes. Si l'objectif de ces recherches est appliqué – évaluer le risque d'un enfouissement souterrain des déchets toxiques, ou la vulnérabilité des aquifères –, les questions de recherche sont fondamentales car il faut à la fois élaborer les modèles opérationnels sur des bases solides, rechercher de nouvelles données et trouver les méthodes pour combiner modèles et données.

« Le mieux, l'ennemi du bien… »

Proverbe

Yvan Lagadeuc

44 ans — Écologue, spécialisé en écologie aquatique

- **Professeur des universités ; à l'Université de Rennes 1 depuis 2002**
- **Doctorat de l'Université de Lille 1 (1990)**
- **Chargé de recherche à l'Université Laval, Québec (Canada) (1990-1992)**
- **Maître de conférences à l'Université de Lille 1 (1992-1999), professeur à l'Université de Caen (2000-2002)**
- **Séjour scientifique à la station biologique Kellogg (Michigan State University) (États-Unis) (2007)**

La dynamique du plancton ou l'éloge de la turbulence.

L'ensemble de mon travail a pour thématique les écosystèmes aquatiques, mais tout au long de ma carrière, au fil des rencontres, des collaborations, des échanges incessants avec des chercheurs d'autres disciplines, ont enrichi et fait évoluer mon sujet de recherche.

Après avoir étudié l'effet de la marée sur la dynamique des populations d'invertébrés benthiques (d'annélides polychètes autrement dit, de vers), la distribution du zooplancton ou la dynamique des populations zooplanctoniques, mon activité s'oriente désormais sur la dynamique des communautés d'algues dans les systèmes lentiques, des eaux continentales non courantes comme des lacs ou des mares. L'objectif est de comprendre les interactions entre l'hydrodynamisme et le biologique. Parmi les processus étudiés, la turbulence est depuis quelques années le thème central de mon activité. Ce projet associe également l'influence des processus physiques et l'utilisation de la modélisation en collaboration avec des physiciens et des mathématiciens. La turbulence permet à ces organismes dont la capacité de déplacement est faible de se rencontrer… ou de rencontrer leur nourriture ou inversement leur prédateur. Mes travaux ont contribué à montrer que la turbulence est indispensable à la vie d'un grand nombre d'organismes. La question est désormais de savoir s'il faut étendre ce concept à un plus grand nombre d'organismes.

« La vérité, c'est qu'il n'y a pas de vérité
(y compris celle-ci). »
Devise Shadok

Dimitri Lague

33 ans — Géologue, spécialisé en géomorphologie

- **Chargé de recherche CNRS ; à l'Université de Rennes 1 depuis 2004**
- **École normale supérieure de Lyon**
- **Doctorat de l'Université de Rennes 1 (2001)**
- **Post-doctorat à l'Université de Cambridge (Grande-Bretagne) (2001-2003)**
- **Bourse Marie Curie de la Communauté européenne**
- **Outstanding Review Award de l'American Geophysical Union (2006)**
- **Mention spéciale du Prix Bretagne jeune chercheur (2005)**
- **Prix de thèse du Comité national français de géologie (2003)**

De l'impact du galet à l'érosion des montagnes.

Les géologues le savent bien, la topographie de la Terre a subi de profondes modifications au cours des temps géologiques. En Bretagne par exemple, se dressaient des montagnes aussi hautes que l'Himalaya il y a de cela plusieurs centaines de millions d'années ! Comment la nature s'y prend-elle pour faire disparaître de telles chaînes de montagne ? C'est une des questions à laquelle s'intéresse la géomorphologie, cette branche des sciences de la Terre qui étudie les formes et les vitesses d'érosion de la topographie terrestre. La grande difficulté tient à la lenteur du processus d'érosion à l'échelle humaine, quelques millimètres par an au maximum. Il faut donc réussir à raccourcir le temps. Pour ce faire, j'utilise un dispositif expérimental unique constitué d'une maquette réalisée à partir de matériaux granulaires spécifiques - sorte de tas de sable largement amélioré - arrosée par une pluie très fine. En l'espace de quelques heures une montagne miniature se développe, et il est possible d'étudier précisément comment les vallées naissent et s'organisent pour l'éroder.

Tous les phénomènes naturels ne peuvent cependant pas être réduits à l'échelle du laboratoire et j'utilise aussi des modèles informatiques plus complexes avec lesquels il est possible de simuler en quelques heures l'évolution d'une topographie artificielle sur plusieurs millions d'années. Néanmoins, pour que ces simulations soient d'un quelconque intérêt, il est nécessaire d'avoir les bons ingrédients mathématiques - les lois d'érosion - que l'on introduit dans le modèle. Or, celles-ci restent largement empiriques et manquent d'une compréhension physique poussée. Il s'agit par exemple de mieux comprendre comment les galets sont charriés dans le fond des rivières de montagne durant les crues torrentielles. Car ce sont ces galets qui en retirant quelques micromètres de roche à chaque impact permettent d'éroder quelques millimètres de roches par an, et, *in fine*, d'éroder des kilomètres de roches en quelques millions d'années !

« La nature est une œuvre d'art, mais Dieu est le seul artiste qui existe, et l'homme n'est qu'un arrangeur de mauvais goût. »
George Sand

David Renault

31 ans — Biologiste, spécialisé en écobiologie

- **Maître de conférences ; à l'Université de Rennes 1 depuis 2004**
- **Doctorat de l'Université Claude-Bernard, Lyon 1 (2002)**

Les envahisseurs : Qui sont-ils ? D'où viennent-ils ? Quels sont leurs impacts ?

En écologie, une invasion biologique est caractérisée par l'accroissement durable de l'aire de répartition d'un taxon (colonisation de nouvelles aires géographiques ou de nouveaux habitats), qu'il s'agisse d'une ou de plusieurs populations, et que cette invasion soit ou non d'origine anthropique. Les espèces envahissantes ont un impact majeur sur la biodiversité globale, et représentent actuellement la deuxième cause d'appauvrissement de la biodiversité, juste après la destruction des habitats. Dans ce contexte, l'axe de recherche que je développe principalement depuis mon arrivée à l'Université de Rennes 1 contribue à la compréhension des mécanismes d'invasions biologiques dans ses différentes phases (immigration, établissement, propagation, intégration/impact sur la biodiversité).

Les îles océaniques présentent, de part leurs caractéristiques (isolement géographique, surface finie et limitée, réseaux trophiques peu complexes et non redondants, éventail important de conditions différentes et ubiquité de phénomènes invasifs), de nombreux avantages pour les études scientifiques. Dans les îles Kerguelen (Terres australes et antarctiques françaises), les changements climatiques actuels sont particulièrement marqués et constituent, avec les invasions biologiques liées à la fréquentation humaine, une menace sérieuse pour ces écosystèmes originaux. Ces îles constituent ainsi des situations privilégiées pour l'étude de l'impact des changements climatiques sur les organismes et leur rôle potentiel dans l'accroissement de l'invasibilité de ces îles. Les principaux thèmes développés, à l'aide d'une approche multidisciplinaire et en collaboration avec d'autres collègues, incluent notamment :

1) le suivi du processus de dispersion des espèces invasives (distribution et abondance, élaboration de modèles mathématiques de dispersion) ;

2) l'étude du rôle des changements climatiques sur la dynamique des populations des espèces invasives et les conséquences sur la faune et la flore endémiques ;

3) l'analyse de la vulnérabilité des communautés endémiques, qui inclut l'étude des conséquences écologiques et évolutives des invasions biologiques.

« Quand j'observe dans le ciel les étoiles, j'observe l'univers de la diversité car l'univers fourmille de singularités. »
Michel Serre

Philippe Vandenkoornhuyse

38 ans – Biologiste et écologue, spécialisé en écologie moléculaire fonctionnelle

- **Maître de conférences ; à l'Université de Rennes 1 depuis 2003**
- **Doctorat de l'Université de Nancy (1998)**
- **Post-doctorat à l'Université de Louvain (Belgique) (1999-2000)**
- **Post-doctorat à l'Université de York (Grande-Bretagne) (2000-2002)**
- **Prix de l'American Association for Advancement of Science (États-Unis) (2002)**

Métaphore sur la biodiversité.

Sans doute depuis mon enfance, je me suis interrogé sur la vie, notre origine, notre devenir, la façon dont nous interagissons et sommes dépendants d'autres espèces. Des réponses très intéressantes pour mon esprit logique et cartésien ont permis de nourrir et d'approfondir mes questionnements, de comprendre des choses... Depuis, cette soif de compréhension est l'un des moteurs de ma vie.

C'est donc naturellement que j'exerce aujourd'hui ce métier excitant, passionnant et dévorant d'enseignant-chercheur où les travaux que j'aborde sont centrés sur des problématiques de compréhension de la biodiversité, son origine, son évolution, les fonctions écologiques qu'elle exerce et les risques qui la menace.

La biodiversité correspond à l'ensemble des organismes et micro-organismes, la variété de leur physiologie, de leur patrimoine héréditaire, la variété de leurs interactions écologiques et des écosystèmes qu'ils constituent. Nous dépendons tous de cette biodiversité pour notre alimentation. C'est aussi une source d'innovations et un héritage naturel. Comme le disait Liebniz « le présent est saturé du passé et en gestation du futur. » Or, les conséquences de l'extinction d'espèces et l'érosion forte de la biodiversité que l'on mesure aujourd'hui sont la réduction des possibles et l'altération de l'écosystème tout entier.

Ceci constitue désormais une question de société majeure : celle du développement durable, c'est-à-dire notre capacité d'un développement qui ne porte pas atteinte à la nature dont nous dépendons.

Mon activité de recherche désormais consiste à étudier la biodiversité et les fonctions des micro-organismes dans l'environnement, un travail de recherche purement fondamental. Suite à ces travaux, de nouveaux procédés de dépollution sont imaginés, et de nouvelles ressources biotechnologiques, pharmaceutiques, sont mises en évidence par la découverte d'espèces ou de groupes d'espèces.

Agronomie, production animale et végétale, technologie agroalimentaire

Marion Boutinaud
Johan Carlier
Laurent Lagadic
Typhaine Lucas
Yannick Outreman
Denis Tagu

La région Bretagne, riche de son agriculture et de son industrie agroalimentaire, se doit d'avoir une recherche développée dans ce secteur hautement stratégique sur le plan économique. Cela explique l'importance des centres Inra (Institut National de Recherche Agronomique) et Cemagref (Institut de recherche pour l'ingénierie de l'agriculture et de l'environnement) de Rennes qui savent allier les recherches théoriques les plus avancées aux innovations technologiques . Leurs résultats s'appliquent aussi bien au secteur de la production qu'aux utilisations par les particuliers ou par les collectivités.

Au cours des dernières années, c'est aussi l'ensemble des formations supérieures qui a été restructuré avec la mise en place d'Agrocampus Rennes.

Nul doute, dans les années qui viennent, compte tenu de la démographie, un fort renouvellement du potentiel de recherche devrait permettre de poursuivre ce qui est commencé: une élévation de la qualité des recherches faites ici et une plus forte intégration dans le dispositif de recherche rennais — intégration amorcée par la place qu'occupe l'Inra dans les structures fédératives (IFR140, Génopole Ouest...) —.

Au cours des prochaines années, avec l'appui des collectivités territoriales et de Rennes-Métropole en particulier, ces centres de recherche doivent continuer d'attirer des jeunes chercheurs de qualité.

3 allocations d'installation scientifique (40 000 € chaque) :

Lucile Montagne (2002)
Mathilde Orsel (2007)
Denis Tagu (2004)

Participation à des acquisitions d'équipements scientifiques :

Laser pulsé haute fréquence (Johan Carlier) : 50 000 €
Analyseur génétique (José Martinez) : 80 000 €
Chromatographie préparative (Sylvie Lortal) : 40 000 €

« *Qu'est-ce que la vie ? Cette question me paraît d'autant plus appropriée qu'elle n'a pas de réponse.* »
François Jacob

Marion Boutinaud

32 ans – Biologiste, spécialisée en biologie animale, moléculaire et cellulaire

- **Chargée de recherche Inra ; au centre Inra - Rennes depuis 2003**
- **Doctorat de l'Inra - centre de Jouy-en-Josas (2002)**
- **Post-doctorat au Hannah Research Institute à Ayr (Écosse) (2002)**

Des cellules épithéliales vivantes dans le lait, de quoi en faire un fromage !

La production de lait dans le grand ouest représente 50 % de la production nationale. Développer des connaissances sur les régulations du volume de lait produit par l'animal est un enjeu majeur pour le centre Inra de Rennes. C'est dans ce contexte que je développe mes recherches portant sur les variations du nombre et de l'activité des cellules qui produisent du lait chez les ruminants. Je cherche à identifier les pratiques d'élevage qui peuvent modifier le nombre de cellules et éventuellement perturber la lactation à plus long terme. Ces pratiques sont par exemple l'alimentation des animaux, ou la fréquence de leur traite. Je développe une méthode de récolte de cellules non invasives, qui est une alternative aux biopsies mammaires sur animaux vivants, afin d'étudier le fonctionnement de la cellule épithéliale mammaire. Cette méthode consiste à purifier les cellules épithéliales mammaires qui, à chaque traite, sont relâchées dans le lait.

Mon travail se décompose en plusieurs tâches très variées. Au départ, je fais le tour des données disponibles dans la bibliographie puis je me demande ce que je vais tester et avec quelle méthode d'analyse ; par exemple, que sait-on sur les cellules dans le lait ? Sont-elles vivantes ? Représentent-elles bien ce qui se passe dans la mamelle ? Dans un deuxième temps, je mets en place un protocole expérimental sur animaux qui testera l'hypothèse. Après récolte d'échantillons biologiques et analyses de différents paramètres tels que le taux d'ARN messager de certains gènes impliqués dans la mort des cellules, je réalise le traitement statistique des données obtenues et je trouve que par exemple : « les cellules épithéliales du lait sont bien vivantes ! Leur ARN ne sont pas dégradés, on peut donc les étudier ! » Enfin, je rédige des articles présentant les travaux et les résultats obtenus. Ils sont publiés dans des revues scientifiques spécialisées (en physiologie animale, ou en science de l'animal) ou présentés dans des congrès nationaux ou internationaux.

Ce travail ne se fait pas dans ma petite bulle de chercheur mais au contraire en collaboration, à la fois avec des techniciens à la ferme expérimentale, des techniciens au laboratoire, des chercheurs de mon laboratoire, et des chercheurs étrangers sur des projets communs.

« Mieux vaut encore ne pas avoir l'air que d'avoir l'air de ne pas avoir l'air... »

Pierre Dac

Johan Carlier

36 ans — Physicien, spécialisé en mécanique des fluides

- **Ingénieur de recherche ; au Cemagref - centre de Rennes depuis 2004**
- **Doctorat de l'Université de Lille (2001)**
- **Post-doctorat : Göttingen (Allemagne) ; Université polytechnique de Madrid (Espagne)**

J'ai l'air turbulent...

Il ne s'agit bien évidemment pas de moi, mais du régime des écoulements d'air qui font l'objet de mes travaux de recherche. Nous sommes en pleine mécanique des fluides ! Discipline souvent perçue comme difficile car proche des mathématiques appliquées. Pourtant, un petit nombre d'équations au formalisme très simple, suffit à exprimer les principes de la physique macroscopique. Un petit nombre d'équations qui, selon les hypothèses et conditions limites et initiales choisies, décrivent aussi bien l'écoulement de l'air dans les poumons ou du sang dans les artères, que les écoulements atmosphériques et océaniques ou les phénomènes acoustiques dans l'univers élargissant.

Pour ma part, j'étudie au Cemagref de Rennes les écoulements que l'on rencontre dans les systèmes de protection rapprochée utilisés pour maîtriser le niveau de propreté et de température d'un espace localisé mais ouvert sur un environnement plus large et moins maîtrisé. Ce sont des systèmes tels que le flux progressif et le plafond soufflant dans l'industrie agroalimentaire et les meubles frigorifiques de vente dans la grande distribution. Je m'intéresse donc à des écoulements cisaillés de type couche limite, couche de mélange et sillage en régime turbulents pour de faible vitesse d'air avec prise en compte de la température. Plus précisément, je cherche à obtenir une meilleure compréhension du rôle des structures cohérentes, telles les tourbillons, dans la dynamique de ces écoulements turbulents pour, par exemple, favoriser ou pénaliser le mélange *via* la mise en place d'une stratégie de contrôle. Pour ce faire, je réalise avec mes collègues des expérimentations en soufflerie avec des méthodes de mesure que nous développons en collaboration avec le LEA de Poitiers et l'Irisa de Rennes. Ces mesures sont exploitées avec différents outils mathématiques statistiques : flot optique, assimilation variationnelle, système dynamique d'ordre faible, etc.

« Rien n'est poison, tout est poison: seule la dose fait le poison ».

Philippus von Hohenheim, dit Paracelse

Laurent Lagadic

44 ans – Agronome, spécialisé en biochimie toxicologique

- **Chercheur Inra ; au centre Inra de Rennes depuis 1994**
- **Doctorat de l'Université Paris XI – Orsay (1990)**
- **Post-doctorat à l'Université d'Oxford (Grande-Bretagne) (1991-1992)**
- **Séjour scientifique à la firme Bayer en Allemagne (1993)**
- **Prix Dufrenoy de l'Académie d'agriculture de France (1989)**
- **Bourse Lavoisier du ministère des Affaires étrangères (1991-1992)**

Des écosystèmes miniatures pour étudier les effets des polluants sur les organismes aquatiques.

Étudier les effets des polluants dans l'environnement aquatique n'est pas chose facile. Indépendamment de l'étendue et de la complexité des milieux aquatiques, de nombreux facteurs dits « de confusion », comme par exemple des températures excessives, peuvent interférer avec les substances toxiques et en modifier les effets sur les organismes vivants. La solution qui consisterait à se replier au laboratoire pour analyser les réactions d'organismes isolés dans des béchers ne donne pas entièrement satisfaction dans la mesure où ces conditions ne correspondent pas à la réalité du terrain.

Depuis 1996, l'Inra de Rennes dispose de modèles réduits d'écosystèmes, reconstitués à l'identique de milieux naturels, dans lesquels les conditions peuvent être partiellement contrôlées pour mieux analyser les effets propres aux substances toxiques. Ces écosystèmes expérimentaux reproduisent les conditions qui règnent dans les mares ou les petits étangs, milieux aquatiques naturels.

Grâce à ces systèmes, l'étude des effets des toxiques se fait de manière graduelle, du niveau d'organisation biologique le plus simple, celui de l'individu, jusqu'au plus complexe, celui de la communauté. De plus, la biodiversité et les interactions qui s'établissent entre les espèces (compétition, prédation, etc.) peuvent également être étudiées, de même que les composantes fonctionnelles des écosystèmes, comme par exemple le recyclage de la matière organique végétale. Les mésocosmes permettent donc un diagnostic complet de l'état écologique des milieux aquatiques lorsqu'ils sont contaminés par des substances toxiques.

Indépendamment de leur apport en termes de connaissances des modalités de réponse des écosystèmes aquatiques aux pollutions, les retombées des travaux de l'équipe d'écotoxicologie aquatique de l'Inra sont directement exploitables par les experts chargés de l'évaluation de dossiers de demandes d'autorisation de mise sur le marché des produits phytosanitaires, dans la mesure où ils permettent de prendre en compte de manière quantitative les paramètres qui, à l'échelle de l'écosystème, vont influer sur les processus qui déterminent les dysfonctionnements mais également la dynamique de restauration des populations dans les milieux aquatiques ayant subi l'impact d'un pesticide.

« Il suivait son idée. C'était une idée fixe et il s'étonnait de ne pas beaucoup avancer. »

Jacques Prévert

Tiphaine Lucas

37 ans — Agronome, spécialisée en génie des procédés alimentaires

- **Chargée de recherche ; au Cemagref - centre de Rennes depuis 1995**
- **Doctorat de l'ENGREF (École Nationale de Génie Rural des Eaux et Fôrets) (1998)**
- **Participation à projets européens : action concertée sur la qualité des produits surgelés 1996-1999, projet de recherche STREP sur les écotechnologies appliquées au pain industriel**
- **Prix de thèse Sadi-Carnot de l'Institut international du froid (1999)**

Comment coincer la bulle... tout en cherchant ?

Le saviez-vous ? La perception du moelleux que vous ressentez en dégustant une tranche de pain est liée aux caractéristiques des bulles présentes dans la mie, à leur taille, à leur répartition. Dans l'industrie du pain, il est communément admis que l'organisation des bulles est fixée à la fin de la fermentation de la pâte; c'est négliger l'importance de la cuisson. La forte déformabilité de la pâte, et la fragilité de la structure gazeuse compliquent l'observation par instrumentation, ce qui explique que peu d'informations soient disponibles aujourd'hui et que la connaissance reste empirique.

L'objectif de ma recherche est de comprendre les mécanismes physiques et chimiques intervenant au cours de la cuisson du pain en suivant notamment l'évolution des bulles par des techniques d'imagerie, dont la résonance magnétique (IRM) disponible sur la plate-forme PRIM. La difficulté a été de concilier les performances de l'IRM aux contraintes d'un four. Tout métal étant proscrit, un modèle unique de four à base de verre et de téflon a été conçu. Par ailleurs, l'isolation du four a été l'objet d'une attention particulière afin de permettre à l'appareil IRM d'origine médicale de fonctionner à de hautes températures. Enfin, le pain lui-même est un très mauvais patient pour une introspection IRM, car il évolue beaucoup au cours de la cuisson.

Ces observations sont confrontées à des simulateurs numériques de cuisson, ce qui devrait à terme permettre la hiérarchisation des mécanismes en jeu. L'équipe de recherche souhaite ainsi à plus long terme concevoir des outils de contrôle du processus de cuisson qui permettront aux industriels d'affiner la texture des produits céréaliers pour développer de nouveaux produits et répondre aux diverses attentes du consommateur.

L'équipe a récemment intégré un projet européen sur le développement d'éco-technologies dans le domaine des pains industriels. Ces éco-technologies existent déjà sur le marché : pré-fermenté, pousse au four... Toutefois, elles occupent seulement des niches, car les produits proposés sont de moindre volume (mie plus dense), et donc moins appréciés par le consommateur. En outre, ils sont plus longs à remettre en œuvre par le revendeur (points chauds, grandes surfaces). Aux côtés de partenaires spécialisés en fermentation, en congélation ou sur la formulation, le Cemagref apporte son expertise en mesure IRM dynamique et en cuisson pour optimiser le procédé et le volume final du produit.

« Nos vrais ennemis sont en nous-mêmes »

Jacques-Bénigne Bossuet

Yannick Outreman

35 ans — Biologiste, spécialisé en biologie évolutive et écologie comportementale

Maître de conférences; à l'Agrocampus Rennes depuis 2002

Doctorat à l'Université de Rennes 1 (2000)

Le jeu du gendarme et du voleur chez les insectes.

Pour une meilleure préservation de l'environnement et de la santé humaine, il est nécessaire de lutter contre les insectes ravageurs des cultures par des moyens à la fois durables et économes en pesticides. Dans ce sens, connaître la capacité des ennemis naturels de ces ravageurs à réduire leur nombre pourrait aboutir à une utilisation plus raisonnée des insecticides. Il est donc nécessaire de bien comprendre le fonctionnement des relations entre les ravageurs et leurs ennemis. Parmi ces derniers, il existe des organismes peu connus du public et pourtant très importants: les insectes parasitoïdes.

Vous vous souvenez certainement des créatures du film *Alien*, de Ridley Scott. Sachez que de tels monstres existent dans la nature. Chez les insectes parasitoïdes, la femelle pond un œuf dans un autre insecte, son hôte. L'œuf éclôt dans cet hôte pour donner une larve qui, pour son développement, consomme progressivement les organes de son hôte et finit par le tuer. Lorsqu'il devient adulte, le parasite sort de son hôte en perçant un trou. Si c'est une femelle, elle cherche alors des hôtes pour y pondre ses œufs.

Dans une telle interaction, les intérêts des deux protagonistes divergent: le parasitoïde utilise l'hôte pour son développement et l'hôte évite le parasite, néfaste à sa survie. Afin d'éviter d'être infesté, deux stratégies sont possibles pour l'hôte: éviter d'être localisé par le parasite ou éviter d'être parasité si la confrontation a lieu. Mais, réciproquement, les parasitoïdes développent des stratégies pour maximiser le nombre d'hôtes infestés et donc le nombre de descendants. On assiste dès lors à un jeu du gendarme et du voleur. Mon travail de recherche est d'étudier cette course-poursuite évolutive en m'intéressant aux interactions entre les pucerons des céréales, grand ravageur des cultures, et leurs parasitoïdes (des micro-guêpes). Ainsi, nous cherchons à comprendre comment ces parasites se comportent dans leur recherche et exploitation des colonies de pucerons. En parallèle, nous étudions la réaction des pucerons en présence de parasitoïdes ou de pucerons infestés. La finalité de ces travaux est de déterminer le potentiel des parasitoïdes à limiter les populations de pucerons et de proposer des méthodes de lutte plus respectueuses de l'environnement.

« Prisonniers des gouttes d'eau, nous ne sommes que des animaux perpétuels »

André Breton et Philippe Soupault

Denis Tagu

46 ans – Biologiste, spécialiste de biologie moléculaire et génétique des plantes

- **Directeur de recherche Inra ; au Centre de recherche Inra – Rennes depuis 2002**
- **Doctorat de l'Université Paris XI – Orsay (1988)**
- **Post-doctorat à l'Université de Barcelone (Espagne) (1989-1990)**

La vie sans sexe : une vie tranquille ?

La très grande majorité des animaux se multiplie par reproduction sexuée. Mais ça coûte cher en énergie ! Produire des femelles et des mâles, deux types de gamètes (spermatozoïdes et ovules), se faire la cour, se battre parfois, se faire accepter… Bref, pas que des avantages ! Et ainsi quelques rares animaux, dont les pucerons, se reproduisent sans sexe, c'est plus simple !

Au printemps et en été, les colonies de pucerons qui infestent les plantes et s'en nourrissent sont des femelles qui donnent naissance par clonage à des petites femelles génétiquement identiques. Cette naissance est vivipare, c'est la parthénogenèse vivipare. Et c'est une très bonne machine à cloner puisqu'une femelle puceron donne naissance en une dizaine de jours à environ quatre-vingt autres femelles qui elles-mêmes donneront chacune quatre-vingt descendantes ! Comme dans toutes les histoires, il y a un « mais »… Les pucerons sont des animaux à sang-froid et ne supportent pas les hivers rudes. Ainsi, en automne, les pucerons perçoivent le changement de saison (baisse de la longueur du jour et de la température) et changent de mode de reproduction : les femelles parthénogénétiques donnent naissance à des femelles sexuées et des mâles, qui vont s'accoupler. Les femelles fécondées vont pondre avant l'hiver des œufs qui vont résister au froid. Au printemps suivant, les œufs éclosent et en sortent des femelles parthénogénétiques qui vont répéter la reproduction clonale. Cette phase de « sexe » permet le brassage génétique essentiel à l'adaptation des espèces. C'est un bel exemple d'adaptation à l'environnement et aux saisons. Notre groupe étudie chez les pucerons ces mécanismes qui les rendent capables de changer de mode de reproduction : comment détectent-ils les changements de la longueur du jour ? Comment cette information est-elle interprétée pour passer de la reproduction d'individus clonaux à la production d'individus sexués ? Quelles sont les conséquences évolutives (sur le long terme) d'un mode de vie presque asexué ? Dans tous les cas, la grande leçon que nous pouvons tirer est que la vie sans sexe, ce n'est pas la panacée, mais une fois par an, ça suffit !

Sciences physiques, mécanique et ingénierie

Franck Artzner
Bruno Bêche
Éric Collet
Denis Morineau
Rozenn Piron
Anne Renault
Tanguy Rouxel
Ian Sims
Pascal Turban
Alexandra Viel

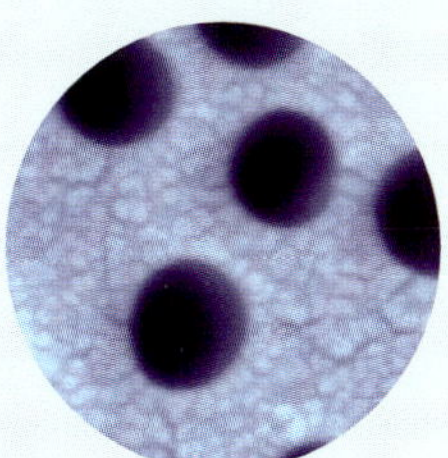

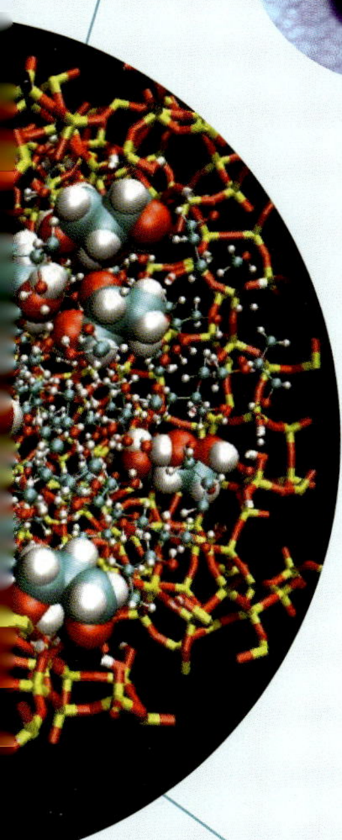

Les équipes travaillant dans les domaines de la physique ont connu au cours de ces dernières années une évolution à la fois sur le plan scientifique et sur le plan structurel.

Sur le plan scientifique, le développement des coopérations interdisciplinaires avec notamment un axe fort, celui de la biophysique et des coopérations au plan national et international en particulier dans les domaines des nanotechnologies (coopération avec Saclay sur le synchroton SOLEIL, avec le Japon,...).

Sur le plan structurel, la naissance, en janvier 2007, de l'Institut de physique de Rennes est un gage de visibilité des équipes de recherche qui le composent.

Au cours de la dernière décennie, c'est un grand renouvellement des chercheurs et des recrutements de qualité qui ont permis ces évolutions. Il est significatif que la directrice de cet institut, Anne Renault, soit arrivée à Rennes en 2001, y ait développé la thématique biophysique et ait attiré dans son équipe de nombreux jeunes chercheurs (Franck Artzner, Denis Morineau, Éric Collet...)

Dans l'autre grand domaine de la physique faite à Rennes, on assiste aussi à un rajeunissement conséquent avec l'arrivée de brillants chercheurs tels Bruno Bêche, Pascal Turban, Alexandra Veil, Ian Sims.

La recherche en physique demande des moyens matériels importants qu'il faut savoir mutualiser, qu'il faut trouver dans des coopérations nationales et internationales. Il est tout à fait remarquable que nombre des jeunes chercheurs cités ici se trouvent en responsabilité importante dans des structures de coopérations et dans des programmes internationaux de recherche. Il s'agit là d'un investissement d'avenir dont il convient de poursuivre le soutien.

Les « coups de pouce » de Rennes-Métropole

9 allocations d'installation scientifique, 40 000 € chaque :

Franck Artzner (2005)
Bruno Bêche (2007)
Isabelle Cantat (2002)
Mohamed Hjiaj (2005)
Rozenn Piron (2006)
Anne Renault (2001)
Emmanuelle Reynaud (2005)
Pascal Turban (2005)
Alexandra Viel (2006)

Participation à des acquisitions d'équipements scientifiques :

Microscope multiphotonique (Anne Renault) : 60 000 €
Microscope à champ proche (Véronique Vié) : 60 000 €
Monochromateur (Ian Sims) : 80 000 €
Chaîne laser (Éric Collet) : 80 000 €
Système d'analyse d'assemblage moléculaire (Christian Godet) : 40 000 €
Ellipsomètre (Denis Morineau) : 60 000 €
Rhéomètre (Arnaud Saint-Jalmes) : 50 000 €

Aménagements de locaux :

Institut de physique de Rennes (Anne Renault) : 40 000 €

Accès aux grands instruments :

Synchroton SOLEIL (Éric Collet) : 120 000 €

« La science consiste à passer d'un étonnement à un autre. »
Aristote

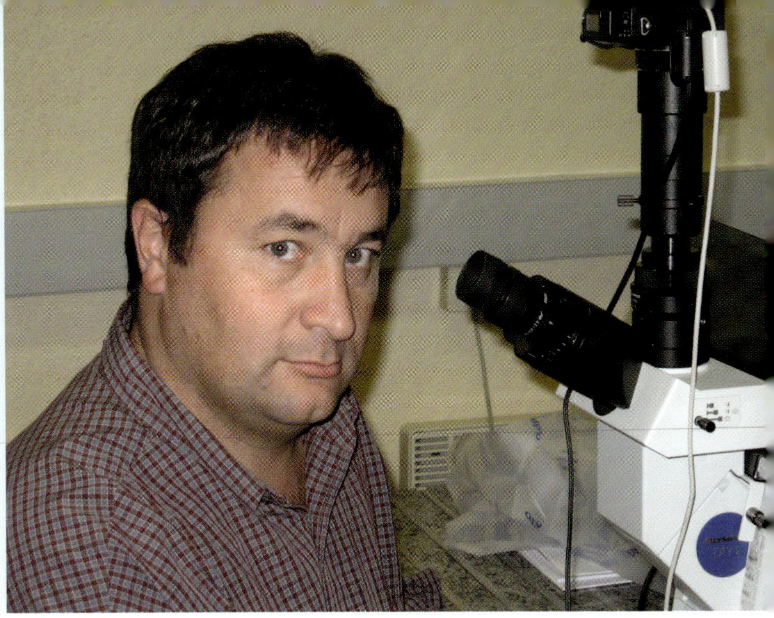

Franck Artzner

38 ans – Physicien, spécialisé en biophysique et nanotechnologies

- **Chargé de recherche CNRS ; à l'Université de Rennes 1 depuis 2003.**
- **École Supérieure de Physique et Chimie Industrielles de la ville de Paris (ESPCI).**
- **Doctorat de l'Université Paris XI – Orsay (2000).**
- **Post-doctorat à l'Université de Munich (2001-2002).**

Peut-on faire des nanotechnologies en s'inspirant de l'huître ?

La nature est une source inépuisable d'inspiration pour imaginer de nouveaux matériaux. En effet, le monde végétal comme le monde animal s'activent à construire, réparer, améliorer leurs structures, leurs squelettes, leurs coquilles. Le domaine de prédilection de la nature est sans doute celui du monde des nanosciences qui sont en plein essor car nous sommes tous constitués de protéines, briques élémentaires dont la taille caractéristique est le nanomètre, qui est un million de fois plus petit que le millimètre. Contrairement aux procédés mis en œuvre dans l'industrie, la nature construit en consommant peu d'énergie pour bouger, chauffer, comprimer ou étirer les matériaux, mais elle développe des assemblages qui se font spontanément sans manipulation, comme des Lego. À notre échelle, cela reviendrait à recevoir une maison en kit avec tous les éléments pré-programmés et qui se construirait toute seule. Ce qui n'est pas possible à notre échelle, car les briques sont trop lourdes, est très aisé à très petite échelle, qui est celle non seulement des briques élémentaires de la nature mais aussi des nanosciences.

Ce lien entre la nature et les nanotechnologies ouvre actuellement un immense champ de recherche qu'avec mon équipe j'explore à l'Université de Rennes. Nous nous attachons à comprendre et à utiliser les mécanismes qui permettent de réaliser des structures que l'on rencontre dans la mer comme les nacres d'huîtres ou les squelettes en verre d'algues microscopiques appelées diatomées.

En collaboration avec les spécialistes des auto-assemblages rennais en biologie et en chimie, notre équipe a mis au point un mélange singulier qui permet de réaliser des fibres optiques se fabriquant spontanément et qui sont cent fois plus petites que les fibres optiques actuelles. Nous rêvons et travaillons d'ors et déjà à l'idée de trouver une recette miracle pour concevoir des lasers qui se fabriquent tout seuls. Un jour, peut-être, l'huître nous servira de modèle pour la fabrication de nanosystèmes optiques...

« L'usage des philosophes est d'appeler 'clarté' la lumière en tant qu'elle est dans son milieu jaillissant; de l'appeler 'rayon' en tant qu'elle court à travers le milieu; de l'appeler 'splendeur' en tant qu'elle est réfléchie sur un autre endroit qu'elle éclaire. »
Dante

Bruno Bêche

37 ans — Physicien, spécialisé en physique des microsystèmes photoniques et en nanophotonique

- **Professeur des universités; à l'Université de Rennes 1 depuis 2006**
- **Doctorat de l'Université de Besançon (1 999)**
- **Post-doctorat aux Basic Research Labs de NTT (Nippon Telegraph and Telephone), Tokyo (Japon) (1 999-2004)**

Contrôle de la propagation photonique aux basses dimensions.

Un premier axe de recherche porte sur la conception et la réalisation de micro-composants à bas coût, basés sur une photonique intégrée aux dimensions microniques, élaborés sur matériaux organiques pour des applications se rapportant aux capteurs et à la métrologie fine.

Au sein de cet axe, la première famille d'applications a conduit au développement de micro-capteurs photoniques respectivement dédiés aux mesures de pression et aux détections de flux thermiques.

De nouvelles applications opto-thermo-bio-fluidiques intégrées sont envisagées comme la mesure des températures de systèmes biologiques, la mesure de conductivités thermiques de fluides biologiques, la mesure de débits massiques de fluides, et la mesure des concentrations.

Un second axe de recherche, relatif à une photonique aux dimensions sub-microniques et clairement nanométriques, porte sur la réalisation et caractérisation d'une forme de nano-photonique à très haut degré d'intégration, tels les nanotubes et les nanofils de dimensions sub-longueur d'onde.

Ces procédés et contrôles d'auto-assemblages moléculaires s'inspirant des processus de biominéralisation des organismes marins, s'avèrent extraordinairement génériques en termes de création de nouveaux nanomatériaux fonctionnels pour la photonique intégrée aux dimensions sub-microniques, c'est-à-dire adaptée aux dimensions actuelles des connexions de la microélectronique. Les solutions ingénieuses et innovantes que l'on développera en termes de couplage photonique micro-vers nano-échelles, que ce soit par extrême confinement et localisation du champ propre à ces symétries, ou par modes rayonnés ou champ proche, s'appliqueront non seulement aux domaines des télécommunications optiques ultra-intégrées, mais aussi aux biocapteurs visés susceptibles d'être, à l'avenir, fonctionnalisés.

« Ce qui est affirmé sans preuve peut être nié sans preuve. »

Euclide

Éric Collet

35 ans – Physicien, spécialisé en commutation ultra-rapide

- **Professeur des universités ; à l'Université de Rennes 1 depuis 2001**
- **Doctorat de l'Université de Rennes 1 (1999)**
- **Post-doctorat au laboratoire Léon Brillouin du CEA/Saclay (2000-2001)**
- **Chercheur invité au Tokyo Institute of Technology (Japon) (2001)**

La chorégraphie moléculaire sous les stroboscopes.

Il n'y a pas que les DJ de night-club qui aiment les lumières stroboscopiques !

À l'aide de flashs laser ultra-courts nous forçons les molécules constituant un matériau à se transformer de concert, afin de modifier les propriétés physiques : couleur, conductivité, magnétisme... Le but ultime de ces travaux de recherche est de contrôler les propriétés de la matière à l'aide de la lumière sur l'échelle de temps ultra-rapide du millionième de millionième de seconde (10^{-12} secondes).

Ceci nécessite d'améliorer notre compréhension de ces nouveaux phénomènes et pour cela nous développons de nouveaux outils d'observation ultra-rapide, pour « filmer » les transformations élémentaires de la matière. Relever ce challenge nécessite de combiner les expériences que nous développons à l'Université de Rennes 1 à des expériences sur grands instruments (synchrotron) au Japon et en Europe, dans le cadre de collaborations internationales.

Nos activités de recherche consistent donc en quelque sorte à faire la lumière sur cette physique nouvelle.

« La phrase la plus excitante à entendre en science, celle qui annonce de grandes découvertes, n'est pas "eurêka!" mais "tiens, c'est drôle..." »
Isaac Asimov

Denis Morineau

36 ans — Physicien, spécialisé en chimie physique

- **Chargé de recherche CNRS ; à l'Université de Rennes 1 depuis 2002**
- **École normale supérieure de Paris**
- **Doctorat de l'Université Paris XI - Orsay (1997)**
- **Post-doctorat à l'École polytechnique (Palaiseau)**
- **Post-doctorat à l'University of Califonia Los Angeles (États-Unis)**

Fluides nanoconfinés : être petit peut faire toute la différence.

La plupart des propriétés d'un corps ne changent pas avec sa taille. Cette règle très générale de la physique de la matière condensée est vraie dès que le système est constitué d'un nombre suffisant de briques élémentaires (les molécules ou atomes) et donc d'une taille suffisante, dite 'limite macroscopique'.

Une illustration simple de ce phénomène est par exemple la température de fusion de la glace : à pression atmosphérique, elle est de 0 °C. Ceci est identiquement vrai pour un iceberg de plusieurs centaines de mètres de long, pour un glaçon de 1 centimètre ou pour un fragment de glace pilée d'une fraction de millimètre.

Cette propriété est liée au nombre gigantesque des molécules qui constituent l'objet : il y a trente milliards de milliards de molécules dans un glaçon d'un millimètre de côté ! Il existe donc une telle différence entre la taille des éléments constitutifs de la matière et la taille du système dans son ensemble, que l'on peut négliger ce qui se passe à la surface et considérer que le système est infiniment grand.

Mais tout change si l'on diminue encore la taille du système, typiquement en deçà de quelques nanomètres. En franchissant cette limite de taille, on entre dans le monde fascinant, dénommé les « nanosciences ». La matière fait alors apparaître des propriétés nouvelles et surprenantes, facteur possible de nombreux développements technologiques.

Comprendre les comportements de fluides confinés dans des volumes de quelques nanomètres passe tout d'abord par la réalisation de matériaux innovants qui présentent des canaux de taille contrôlée. À ces échelles, les techniques usuelles d'observation (comme les microscopies optiques) ne sont plus applicables, et il faut alors s'appuyer sur des expériences spécifiques et sur des méthodes de modélisation numérique. D'autres études nécessitent des infrastructures plus lourdes, accessibles auprès des centres nucléaires nationaux et européens (Saclay et Grenoble). Au cours de campagnes expérimentales, nous y étudions l'interaction des nanomatériaux avec un faisceau de particules encore plus petites (les neutrons), permettant ainsi de décrire comment s'organisent et se déplacent les molécules à l'intérieur de ces « nanotunnels".

« Le commencement de toutes les sciences, c'est l'étonnement de ce que les choses sont ce qu'elles sont. »

Aristote

Rozenn Piron

32 ans – Physicienne, spécialisée en optique

- **Maître de conférences; à l'Institut National des Sciences Appliquées (Insa) de Rennes depuis 2004**
- **Doctorat de l'École normale supérieure de Cachan (2002)**
- **Post-doctorat à l'antenne de Bretagne de l'École normale supérieure de Cachan, campus de Ker Lann, Bruz (2002-2004)**

La lumière et les nanotechnologies.

Depuis plusieurs années maintenant, les nanotechnologies font parler d'elles. Mais la première question qui se pose est: c'est quoi les nanotechnologies? C'est d'abord fabriquer des objets de très petites dimensions (quelques milliardièmes de mètre) et utiliser ces objets dans des applications concrètes. L'une de ces applications est le laser à semi-conducteurs. À ce jour, le laser à semi-conducteur s'est imposé comme un dispositif clé dans de nombreux domaines d'applications, principalement dans les télécommunications modernes et dans le stockage de données. Lire ou graver les données des CD et des DVD, communiquer par fibre optique permet de tirer profit des propriétés remarquables de la lumière émise par ces lasers pas plus grands qu'une tête de cure-dent.

Dans un laser à semi-conducteur, la zone de production du faisceau lumineux (ou milieu actif du laser) ne fait que quelques dizaines de nanomètres d'épaisseur. La fabrication de ces nanostructures semi-conductrices utilise la technique d'épitaxie par jets moléculaires. Le réacteur d'épitaxie dépose la matière couche d'atomes par couche d'atomes, réalisant ainsi un ensemble de couches empilées d'épaisseur nanométrique. Cet empilement est appelé le multi-puits quantique.

Demain, dans l'industrie, les lasers utiliseront comme émetteur de lumière non plus des puits quantiques mais un assemblage de petits amas d'atomes appelés boîtes quantiques. Ces petits amas d'atomes se forment spontanément lorsqu'on dépose une très faible quantité d'un matériau semi-conducteur à la surface d'un autre matériau semi-conducteur de structure très différente. L'utilisation de boîtes quantiques au lieu de puits quantiques permet d'améliorer certaines performances des composants. C'est ce sur quoi nous travaillons au laboratoire FOTON (Fonctions Optiques pour les TélécommunicatiONs) - Insa de Rennes. Dans le domaine des nanostructures semi-conductrices émettant à 1,55 µm, longueur d'onde dédiée à la transmission des données par fibres optiques, Ce laboratoire bénéficie d'une excellente renommée internationale. Tirant partie du savoir-faire acquis, notre équipe développe un nouvel axe de recherche: les lasers à boîtes quantiques émettant dans le moyen infrarouge (de 2 à 5 µm). Cette thématique ouvre des perspectives de diversification des domaines d'applications des composants développés au laboratoire. Les besoins de telles sources lasers sont en effet réels dans de nombreux domaines aussi variés que les télécommunications, l'environnement (pour la détection de polluants par exemple), la défense, l'agriculture (le mûrissement des fruits par exemple) et le médical. C'est au développement de ces thématiques que je participe.

« Connaître son ignorance est la meilleure part de la connaissance. »

Proverbe chinois

Anne Renault

47 ans — Physicienne, spécialisée en biophysique

- **Directrice de recherche CNRS ; à l'Université de Rennes 1 depuis 2001**
- **Doctorat de l'Université Joseph-Fourier, Grenoble**
- **Directrice de l'Institut de Physique de Rennes (IPR)**
- **Chargée de recherche CNRS à l'Université Joseph-Fourier, Grenoble (1986-2000)**

Auto-assemblage de protéines aux interfaces.

Toute mon activité de recherche se situe autour de l' auto-assemblage de protéines aux interfaces. Cette activité se fait en collaboration avec de nombreux laboratoires de biologie rennais mais aussi parisiens et québécois.

a- Protéines issues de l'agroalimentaire : La littérature scientifique relate de plus en plus de travaux sur la capacité des protéines globulaires alimentaires à former des supra-structures et à s'organiser spécifiquement. La maîtrise des conditions de formation et de modulation de ces structures constitue une opportunité pour l'élaboration de nouveaux biomatériaux aux propriétés utiles pour divers secteurs en particulier le secteur agroalimentaire. Cette activité vise à comprendre les mécanismes impliqués et à appréhender les propriétés générées. Nous avons abordé plusieurs questions pouvant intéresser les biologistes et plus particulièrement ceux de l'Inra (Nantes, Rennes). Ces travaux peuvent se diviser en deux parties : la première concerne la mise en évidence de corrélations entre l'organisation de protéines à l'interface (voire leur conformation) et des propriétés physiques telles que mécaniques, moussantes... Essentielles aux applications industrielles. Les protéines étudiées sont l'ovalbumine, le lysozyme (œuf), la béta-lactoglobuline (lait) et la puro-indoline issue du blé. La deuxième partie concerne plutôt la relation structure/fonction avec la compréhension des interactions mises en jeu dans des systèmes complexes comme les micelles de caséine (lait).

b- Fibres biomimétiques : Cette activité s'inspire de la nature en mimant ses structures et leurs procédés de fabrication qui présentent des spécificités idéales pour la réalisation de nanomatériaux par une stratégie « bottom-up ». J'ai démarré une activité de recherche concernant l'actine, une protéine du cytosquelette. Ce projet, en collaboration avec F. Amblard, de l'Institut Curie, et F.Artzner, visait à étudier la polymérisation de l'actine au voisinage d'une membrane lipidique. Une première étape a été de montrer que la polymérisation peut être provoquée par une simple interaction électrostatique entre une monocouche lipidique et l'actine monomérique. L'étape suivante a été d'étudier la croissance à 3D des objets obtenus par auto-assemblage actine — lipides. L'obtention de deux structures différentes à base de filaments d'actine et de bicouches lipidiques ouvre deux voies : la fonctionnalisation pour la photophysique, et l'extension vers de nouvelles protéines. Des projets sont en cours autour du cytosquelette.

« La vérité de demain se nourrit de l'erreur d'hier; Les contradictions à surmonter sont le terreau même de notre croissance. »

Antoine de Saint-Exupéry

Tanguy Rouxel

42 ans – Mécanicien, spécialisé dans la mécanique des verres et céramiques

- **Professeur des universités; à l'Université de Rennes 1 depuis 1997**
- **Doctorat de l'Université de Limoges 1 (1990)**
- **Post-doctorat au GIRIN, laboratoire de recherche du ministère de l'Industrie et du Commerce situé à Nagoya au Japon (1990-92)**
- **Chargé de recherche à l'École nationale supérieure de céramiques industrielles de Limoges (1992-1997)**
- **Séjours scientifiques à l'étranger: Limerick, Irlande (1988); Tokyo (1996); Sendai (2005)**
- **Prix du Groupe Français de la Céramique (GFC) (1992)**
- **Médaille de bronze du CNRS (1996)**
- **Membre junior de l'Institut universitaire de France (2001)**
- **Prix AYCECT de la Société des céramistes japonais (2006)**
- **Prix Yvan Peyches de l'Académie des sciences, (2007)**

Peut-on faire des céramiques super-plastiques? La fragilité du verre: causes et remèdes.

Je tente de mener une recherche très pluridisciplinaire en science des matériaux, axée sur l'étude des relations entre les propriétés mécaniques des verres et des céramiques et leurs micro (nano)structures. Avec mes collaborateurs du LAboratoire de Recherche en Mécanique Appliquée (LARMAUR) de l'Université de Rennes 1) nous nous intéressons plus particulièrement aux mécanismes qui sont à l'origine des processus de déformation, d'endommagement et de rupture des verres et aux moyens de les prévenir ou de les retarder. Cette recherche, au carrefour de la mécanique, de la physique et de la chimie nous a conduit à acquérir une culture spécifique et originale en science des matériaux vitreux, matériaux encore très mal connus aujourd'hui. Les verres sont une source intarissable de matériaux aux propriétés mécaniques exceptionnelles (la résistance d'une fibre de verre de silice est vingt fois supérieure à celle de l'acier) mais dont la fragilité (mauvaise résistance aux chocs et à la fissuration) freine considérablement l'essor, en dépit d'une grande facilité de mise en forme.

La recherche de solution passe dans ce cas par une conception chimique souvent originale et des analyses mécanique et physique très fines des processus en jeu. Cette démarche nous a permis par exemple, de développer des céramiques à haute résistance thermomécanique pour l'aéronautique manifestant un comportement superplastique (plus de 100 % de déformation en traction) propre à la mise en forme rapide de pièces de géométrie complexe, ou encore de synthétiser des verres à hauts modules d'élasticité pour des applications en construction mécanique.

« Les œuvres de l'Éternel sont grandes, recherchées par tous ceux qui les aiment. »
La Bible, Psaume 111 : 2 (texte affiché au-dessus de la porte du Cavendish Laboratory of Physics, Cambridge, à l'instigation du premier directeur James Clerk Maxwell)

Ian Sims

44 ans – Physicien, physico-chimiste, spécialisé en physique moléculaire et astrochimie

- **Professeur des universités ; à l'Université de Rennes 1 depuis 2003**
- **Licence et master à l'Université de Cambridge (Royaume-Uni) (1985)**
- **Doctorat de l'Université de Birmingham (Royaume-Uni) (1989)**
- **Post-doctorats de l'OTAN à Caltech Pasadena-Californie (États-Unis) (1989-1991) et de l'Union européenne à Rennes (Département de physique atomique et moléculaire, 1991-1993)**
- **Chercheur de l'Engineering and Physical Sciences Research Council (1993-1997)**
- **Maître de conférences de l'Université de Birmingham (1997-2003)**
- **Prix Descartes de l'Union européenne (2000)**
- **Chaire Marie Curie de l'Union européenne (2004-2007)**

Réactions chimiques rapides dans le froid de l'espace ?

À la fin du XIXe siècle, Arrhenius a montré que plus la température des réactifs d'une réaction chimique est basse, plus cette réaction a lieu lentement. Ainsi, on pensait qu'aux températures extrêmement faibles qui règnent dans les nuages interstellaires (de 10 à 20 Kelvin, soit de – 263 à –253 ° Celsius), la grande majorité des réactions devait être très lente. Mais dans les années quatre-vingt dix, nous avons découvert que certaines réactions chimiques entre espèces neutres sont plus rapides à basse température (ce que l'on savait déjà pour des réactions entre ions et molécules). Cette découverte a été récompensée par le prix Descartes en 2000, et puis par l'octroi en 2004 d'une chaire Marie Curie pour un projet intitulé « Chimie à très basse température ».

Depuis, nous avons voulu identifier les réactions les plus rapides, car ce sont celles qui déterminent les molécules formées, et donc la composition chimique des nuages interstellaires. Récemment, en collaboration avec nos collègues britanniques et américains, nous avons identifié des facteurs qui déterminent la réactivité chimique à basse température. Ce travail, publié dans la revue *Science* du 6 juillet 2007, sera précieux pour améliorer les modélisations de la naissance des étoiles.

« Il est aussi aisé de compter les atomes que de résoudre les propositions d'une amoureuse.»
William Shakespeare

Pascal Turban

31 ans – Physicien, spécialisé en physique atomique

- **Maître de conférences ; à l'Université de Rennes 1 depuis 2003**
- **Doctorat de l'Université Henri-Poincaré, Nancy (2001)**
- **Post-doctorat au II. Physikalisches Institut de l'Université Technique de Rhénanie du Nord Westphalie, Aachen (Allemagne) (2001-2003)**
- **Boursier de la fondation Alexander von Humboldt**

Jeux de construction à l'échelle de l'atome.

Depuis la découverte du transistor en 1949, les dispositifs électroniques n'ont cessé de se miniaturiser tout en gagnant en performance. Aujourd'hui, les composants électroniques ressemblent à de véritables mille-feuilles, obtenus par dépôts de films ultra-minces de différents matériaux, chaque film pouvant se réduire à un empilement de quelques couches d'atomes. À cette échelle, les propriétés électriques de la matière sont conditionnées par la nature et la qualité des empilements d'atomes réalisés. Mon activité de recherche consiste à concevoir, fabriquer, puis étudier de tels empilements de matériaux, pour, à terme, envisager la réalisation de nouveaux composants électroniques.

En pratique, la fabrication des échantillons rappelle un jeu de construction : il s'agit simplement d'empiler progressivement les atomes les uns sur les autres. Pour ce faire, les différents matériaux solides sont chauffés jusqu'à évaporation, la vapeur d'atomes formée se condensant ensuite lentement sur l'échantillon. Il est ainsi possible de maîtriser le dépôt de matière, couche atomique par couche atomique. La difficulté principale apparaît au passage d'une couche de matériau à une autre. Il est alors parfois délicat de conserver un empilement parfait, les briques de différentes tailles du jeu de construction atomique ne s'emboîtant pas toujours parfaitement.

Pour contrôler la qualité des édifices atomiques artificiels ainsi réalisés, j'ai pu développer un microscope à effet tunnel qui permet, après chaque dépôt, de visualiser l'empilement des atomes à la surface de l'échantillon. Au-delà de l'aspect esthétique remarquable de ces paysages de l'infiniment petit, les images obtenues permettent de corréler la qualité des empilements atomiques réalisés avec les propriétés et les performances du dispositif électronique final.

« Learn from yesterday, live for today, hope for tomorrow. The important thing is not to stop questioning. »

Albert Einstein

et aussi :

« Pourquoi ? »

de Aloys (son fils, 2 ans).

Alexandra Viel

34 ans — Physicienne, spécialisée en théorie physico-chimie moléculaire

- **Chargée de recherche CNRS ; à l'Université de Rennes 1 depuis 2005**
- **Doctorat de l'Université de Montpellier (1999)**
- **École normale supérieure de Cachan**
- **Post-doctorat à l'Université de Berkeley Californie (États-Unis) (1999-2001)**
- **Post-doctorat à l'Université de Munich (Allemagne) (2001-2003)**
- **Chargée de recherche CNRS à l'Université de Toulouse (2003-2004)**
- **Bourse européenne individuelle Marie Curie (2001-2003)**

Cool l'hélium !

En physique/chimie, on considère que la matière est formée d'ensembles d'atomes.

Ceux-ci peuvent se lier pour former des molécules. Parmi les cent dix-huit atomes connus à ce jour, les atomes d'hélium, l'un des éléments les plus légers, possèdent la particularité de s'assembler facilement pour former des agrégats. Ces agrégats peuvent être vus comme des gouttelettes. Ces petites sphères liquides, de taille nanométrique (on met un milliard de nanomètres dans un mètre) sont superfluides : un objet se déplaçant à l'intérieur de ce liquide sans viscosité le fait sans subir de frottement et donc sans être ralenti. Elles sont également très froides : 0.37° Kelvin (environ -273° Celsius). Il est facile de placer une seule molécule à l'intérieur de ces agrégats. Celle-ci se trouve alors piégée dans un « nano-laboratoire » froid où elle peut être étudiée par des méthodes optiques.

Mon travail est de déterminer théoriquement les modifications des propriétés de la molécule lorsqu'elle se trouve dans une gouttelette et qu'elle est donc entourée d'atomes d'hélium.

À cette échelle, les systèmes n'obéissent pas aux lois de la mécanique telle qu'on la ressent habituellement, mais il faut faire appel aux lois parfois surprenantes de la mécanique quantique. L'analyse du comportement de ces systèmes est extrêmement complexe mais elle est possible à l'aide d'ordinateurs puissants.

L'algorithme que j'utilise est dit de « Monte Carlo quantique » car, comme dans les jeux de hasard des casinos, il est basé sur des tirages au sort. Si les mouvements propres (rotation et vibration) d'une molécule unique au sein de ces agrégats sont assez bien compris, les réactions chimiques dans ces « nano-laboratoires » sont loin de l'être.

L'un des buts à long terme est le contrôle précis du comportement individuel des molécules avec de nombreuses applications par exemple en optoélectronique ou en sciences pharmaceutiques.

Sciences chimiques

Mireille Blanchard-Desce
Olivier Cador
Jean-François Carpentier
Karine Costuas
Jeanne Crassous
Henri Doucet
Marc Fourmigué
Thierry Gloriant
Maryline Guilloux-Viry
Philippe Hapiot
Muriel Hissler
Viatcheslav Jouikov
Valérie Marchi-Artzner
Florence Mongin
Mathieu Pasturel
Frédéric Paul
Régis Réau
Pierre Van de Weghe
Martinus Werts
Xianghua Zhang

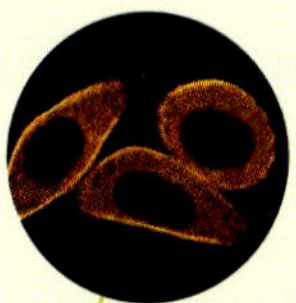

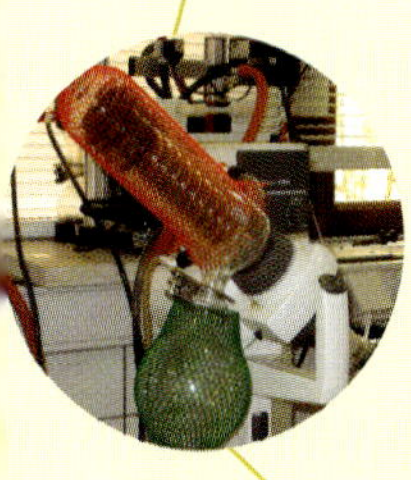

Secteur en danger extrême dans les années quatre-vingt dix avec, pour la période 1995-2005, un renouvellement à plus de 50% des chercheurs et enseignants-chercheurs, la chimie rennaise a su mettre à profit cette évolution démographique pour attirer et installer, dans les meilleures conditions possibles, des chercheurs français ou étrangers de haut niveau, de réputation internationale. Un tel renouvellement a eu aussi un effet d'entraînement sur les jeunes chercheurs rennais formés sur place.

Parallèlement à ce renouvellement, les équipes se sont restructurées ce qui améliore lisibilité et visibilité.

Parce que cette démarche coïncidait avec celle de Rennes-Métropole, nombreuses ont été les aides en équipement apportées par la communauté d'agglomération.

Les pages qui suivent montrent le niveau des chercheurs que nous avons aidés, sans vouloir les citer tous, mentionnons les premiers de ce mouvement, Werner Paulus, Mireille Blanchard-Desce qui ont amené des thématiques nouvelles et, pour leur part, contribué à attirer de nouveaux éléments.

En moins de dix ans, la chimie rennaise a su se renouveler en profondeur, attirer d'excellents chercheurs. Cette politique réussie dans les recrutements explique l'appui important que Rennes-Métropole a apporté aux unités de recherche de chimie.

Les prix, distinctions, nominations reccueillis par les chimistes rennais (les pages qui suivent en témoignent), montrent l'importance de cette discipline pour le rayonnement de la recherche rennaise.

Les « coups de pouce » de Rennes-Métropole

10 allocations d'installation scientifique, 40 000€ chaque :

Mireille Blanchard-Desce (2001)
Olivier Cador (2006)
Jean-François Carpentier (2003)
Ielena Jeftic (2002)
Viatcheslav Jouikov (2002)
Laurent Le Pollès (2005)
Valérie Marchi-Artzner (2006)
Florence Mongin (2007)
Werner Paulus (2001)
Pierre Van de Weghe (2007)
Martinus Werts (2004)

Participation à des acquisitions d'équipements scientifiques :

Microscope à champ proche (Philippe Hapiot) : 60 000€
Générateur haute fréquence (Thierry Gloriant) : 60 000€
Spectromètre de masse (André Perrin) : 108 000€
Spectromètre à résonance (Marie Le Floch) : 70 000€
Chromatographie (Jeanne Crassous) : 60 000€
Résonnance Magnétique Nucléaire RMN (Mireille Blanchard-Desce, Marc Fourmigué) : 75 000€

Aménagements de locaux :

UMR 6226 (Jean-Yves Saillard)
et UMR 6510 (Mireille Blanchard- Desce) : 75 000€

Accès aux grands instruments :

Équipements au Laboratoire Léon Brillouin de Saclay (Werner Paulus) : 100 000€

« Pour que la technologie connaisse le succès, la réalité doit avoir la préséance sur les relations publiques, car on ne peut pas duper la Nature. »

Richard Feynman

Mireille Blanchard-Desce

47 ans – Chimiste, spécialisée en photonique moléculaire

- **Directrice de recherche CNRS ; à l'Université de Rennes 1 depuis 1999**
- **École normale supérieure de Paris**
- **Doctorat du Collège de France (sous la direction de Jean-Marie Lehn, prix Nobel de chimie)**
- **Chercheur associé au California Institute of Technology, (États-Unis).**
- **Médaille de bronze du CNRS (1990)**
- **Prix de la division de chimie physique de la Société française de chimie (1996)**
- **Grand prix Mergier-Bourdeix de l'Académie des sciences (1999)**

Molécules et lumière : la nouvelle alchimie ?

Le domaine de la photonique moléculaire est un domaine en plein essor. Il s'agit en fait de concevoir des molécules, minuscules entités d'un millionième de microns, ou encore d'un milliardième de millimètre, permettant d'exploiter la lumière pour des technologies avancées : production d'énergie (transformation de l'énergie du soleil en énergie électrique), télécommunications (stockage, transmission ou traitement de l'information) capteurs (température, détection et dosage de composants toxiques), affichage (écrans, protection (protection contre les UV ou encore l'agression des lasers), imagerie biomédicale (diagnostic et chirurgie), thérapeutique (traitement par irradiation lumineuse)... L'équipe que j'anime s'intéresse à l'invention de molécules « intelligentes » destinées à jouer le rôle de balises lumineuses pour sonder le fonctionnement intime du vivant. Tout l'art de cette approche consiste à imaginer, des édifices moléculaires « brillants » capables de cibler les neurones ou encore certaines cellules (cancéreuses notamment) pour les voir fonctionner «en direct» ou encore les détecter à un stade très précoce (cancer). Créant de nouveaux objets, le chimiste doit toutefois prendre garde à ne pas jouer aux apprentis sorciers et garder en tête les préoccupations relatives à l'environnement et aux implications en terme de santé humaine.

En d'autres termes, il doit se préoccuper du devenir des objets qu'il créée et de leurs éventuels effets négatifs. Ainsi, si les nanosciences connaissent à l'heure actuelle un fort engouement, les craintes soulevées par leur développement ne doivent pas être sous-estimées. En particulier, les développements actuels des nanosciences reposent beaucoup sur l'utilisation de nanoparticules «dures» ou à base de métaux toxiques présentant des risques potentiels pour la santé humaine et l'environnement. Dans ce contexte, notre équipe s'est impliquée dans le développement de substituts éco- et bio-compatibles. Des résultats extrêmement prometteurs ont été récemment obtenus avec la réalisation de nanaoparticules « superbrillantes » construites à partir de modules organiques non toxiques. De tels balises lumineuses ultra-miniaturisées présentent des potentialités majeures dans le domaine de la santé humaine (détection précoce du cancer, thérapeutique ciblée, assistance à la chirurgie....).

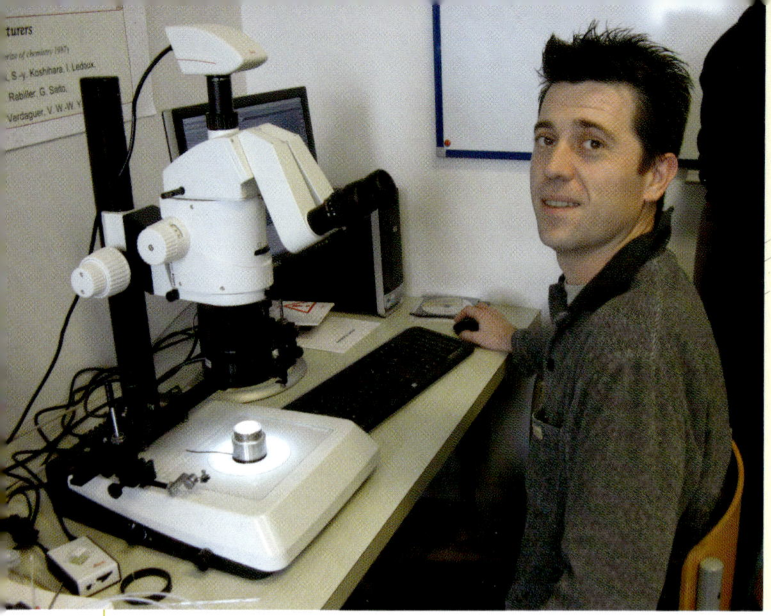

« Science sans conscience n'est que ruine de l'âme. »

François Rabelais

Olivier Cador

35 ans — Chimiste, spécialisé en chimie des matériaux

- **Maître de conférences ; à l'Université de Rennes 1 depuis 2003**
- **Doctorat de l'Université Bordeaux 1 (1998)**
- **Post-doctorat au RIKEN (the Institute of Physical and Chemical research) à Wako-Shi (Japon) (1999-2001)**
- **Post-doctorat au laboratoire de magnétisme moléculaire à l'Université de Florence (Italie) (2001-2003)**

La molécule au cœur de l'électronique.

Il ne saurait être question que nos sociétés occidentales s'affranchissent des composants électroniques. Ils sont omniprésents dans notre vie quotidienne mais aussi en perpétuelle évolution. Les nanotechnologies, l'électronique moléculaire, la spintronique moléculaire, les matériaux intelligents, etc... sont amenés à jouer un rôle majeur pour la mise au point de futurs dispositifs. L'avènement de ces technologies repose avant tout sur la capacité des chercheurs à imaginer et réaliser des matériaux possédant des propriétés nouvelles et/ou des matériaux pouvant exercer plusieurs fonctions : des matériaux multifonctionnels. La chimie moléculaire, et supra-moléculaire, est un outil qui s'est révélé précieux au cours des dernières décennies. Il est désormais envisageable de stocker une information magnétique sur une molécule, et une seule. La molécule devient de fait un « bit » d'information. La molécule peut être vue également comme le composant ultime pouvant être intégré dans les futurs ordinateurs basés sur le calcul quantique. La réalisation de matériaux combinant à l'échelle moléculaire des propriétés électriques et ces propriétés magnétiques ouvrirait la voie à un nouveau type de matériaux multifonctionnels. Mais plus encore, établir une synergie entre ces propriétés permettrait d'envisager de commuter électriquement les propriétés magnétiques des molécules, et *vice versa*.

Les travaux que je développe à l'Université de Rennes 1 depuis 2003 comportent deux aspects : i) l'élaboration de matériaux à partir de molécules que l'on peut considérer comme des briques unitaires, ii) l'enregistrement et l'analyse des propriétés physiques de ces matériaux. Cette recherche est fortement pluridisciplinaire et se situe à l'interface de la chimie et de la physique. Au cours de ma thèse de doctorat et de mes stages post-doctoraux, j'ai pu acquérir cette double compétence que je mets dorénavant à profit. Nous réalisons et analysons les propriétés physiques, plus particulièrement électriques et magnétiques, de matériaux à base moléculaire pouvant jouer un rôle central dans l'électronique de demain.

« Douter de tout ou tout croire, ce sont deux solutions également commodes, qui l'une et l'autre nous dispensent de réfléchir. »

Henri Poincaré

Jean-François Carpentier

40 ans – Chimiste, spécialisé en catalyse organométallique et en chimie verte

- **Professeur des universités; à l'Université de Rennes 1 depuis 2001**
- **Doctorat de l'Université de Lille (1992)**
- **Ingénieur au CEA, direction des applications militaires, Tours (1992-1993)**
- **Chargé de recherche CNRS, Université de Lille 1 (1993-2001)**
- **Chercheur associé, University of Iowa City (États-Unis) (1997-1998)**
- **Médaille Pasteur de l'École nationale supérieure de chimie de Lille (1992)**
- **Médaille de bronze du CNRS (1997)**
- **Membre junior de l'Institut universitaire de France (2005)**

On a (toujours) pas de pétrole mais des idées : du maïs dans les plastiques.

Notre société prend lentement conscience qu'elle doit faire face à un de ses plus grands défis, à savoir la sauvegarde du patrimoine écologique de notre planète, pour assurer la pérénité des générations futures. Pour autant, nous ne sommes pas prêts à renoncer à notre confort. Les révolutions technologiques, notamment celle de la chimie, nous ont procuré, par exemple, une multitude de médicaments et de matériaux aux usages si variés. Mais sait-on que nous produisons annuellement 250 millions de tonnes de polymères (des molécules géantes constituées de petites molécules appelées monomères) et que plus de 99% de ces matières plastiques viennent de ressources fossiles, inexorablement amenées à s'épuiser dans les prochains siècles?

Pour remédier à ces problèmes de ressources mais aussi d'environnement (les plastiques issus du pétrole mettent cinq siècles à se dégrader), des chimistes du monde entier travaillent d'arrache-pied au développement de nouveaux procédés « écocompatibles ». Ceux-ci utilisent des matières premières renouvelables, issues de la biomasse – maïs, blé, cellulose, huiles végétales – pour accéder aux produits dont nous avons tant besoin mais aussi à de nouveaux matériaux, toujours plus performants et plus propres, idéalement biodégradables. La spécificité de notre équipe est l'ingénierie catalytique : grâce à des quantités infimes de composés à base de métaux, nous pouvons transformer de grandes quantités de molécules issues de la biomasse (sucre du maïs, ...) pour préparer des polymères originaux, qui peuvent se substituer ou compléter les plastiques traditionnels. Certes encore éloignés de très larges applications industrielles, nos travaux dans ce domaine contribuent à démontrer que la catalyse est l'outil incontournable pour tirer le meilleur parti de ressources agricoles jusqu'alors sous-valorisées, voire délaissées. Un des axes de recherche que nous privilégions actuellement est de démontrer, qu'au départ d'une même matière première, on peut accéder à des matériaux aux propriétés (et donc aux applications) très variées, rien qu'en jouant sur la structure intime du catalyseur.

« Rien ne se perd, rien ne se créé, tout se transforme.»

Antoine Laurent de Lavoisier

Karine Costuas

33 ans – Chimiste, spécialisée en chimie théorique

- **Chargée de recherche CNRS ; à l'Université de Rennes 1 depuis 2002**
- **Doctorat de l'Université de Rennes 1 (2000)**
- **Post-doctorat : Institut Max Planck, Stuttgart (Allemagne) (2000) ; École polytechnique fédérale de Zurich (Suisse) (2001)**
- **Séjour scientifique à l'étranger : Université d'Adélaïde (Australie) (1999)**
- **Médaille de bronze du CNRS (2006)**

Quand la chimie se fait *in silico*...

Ne cherchez pas de pipette et de bécher dans mon bureau, mais donnez moi un stylo, du papier et un gros ordinateur, voilà ce qui me suffit pour faire de la chimie. Grâce à la mécanique quantique et au fameux Monsieur Schrödinger, au travers d'équations, on est capable de décrire comment le monde nanoscopique des molécules et des solides est ordonné : pourquoi les atomes s'associent de façon particulière, quelles propriétés physiques et chimiques ça engendre... La chimie théorique est une discipline « touche-à-tout » puisqu'elle englobe de la physique, des mathématiques et bien sûr de l'informatique.

Chacun peut comprendre l'intérêt d'une telle démarche : sans avoir à faire les synthèses (c'est finalement très écolo), on peut modéliser de nouvelles molécules et connaître leurs applications potentielles... Reste à vérifier avec nos collègues expérimentateurs (ceux qui travaillent à la paillasse) si cela est réalisable. Mais ce qui est le plus enthousiasmant, c'est de pouvoir expliquer des anomalies ou des résultats inattendus grâce au calcul.

Les molécules auxquelles je m'intéresse au laboratoire sont des systèmes organométalliques au sein desquels des atomes métalliques sont associés à des morceaux de molécules organiques. Elles ont de nombreuses propriétés optiques ou magnétiques par exemple, elles peuvent parfois s'oxyder ou se réduire. C'est pourquoi on les retrouve dans de nombreux domaines, en particulier la catalyse, la luminescence (diodes), le marquage biologique et dans les dispositifs électroniques moléculaires.

« L'Univers est dissymétrique. »

Louis Pasteur

Jeanne Crassous

39 ans – Chimiste, spécialisée en chimie moléculaire

- **Chargée de recherche CNRS ; à l'Université de Rennes 1 depuis 2005**
- **École normale supérieure de Lyon (1989-1993)**
- **Doctorat de l'École normale supérieure de Lyon (1996)**
- **Post-doctorat à l'école polytechnique fédérale, Zurich (Suisse) (1997-1998)**

La droite ou la gauche : quelle différence ?

Je suis une chimiste qui étudie les propriétés des molécules dites « chirales ». Le terme chiral provient du mot grec « cheir » qui signifie « main » et désigne tout objet qui n'est pas strictement superposable à son image dans un miroir, telles la main gauche et la main droite. Comme les mains, une molécule chirale existe sous deux formes : les énantiomères. Les chimistes ont su développer de nombreuses méthodes de séparation des formes droite et gauche des molécules chirales. La chiralité demeure aujourd'hui au cœur de la problématique de l'origine de la vie. « L'univers est dissymétrique » disait Pasteur. Nous sommes dissymétriques : nous avons tous le cœur à gauche, les escargots ont tous leur coquille qui tourne dans le même sens... On sait aussi malheureusement, depuis le scandale de la Thalidomide, que la non connaissance de la chiralité dans un médicament peut avoir des conséquences désastreuses sur la santé. C'est pourquoi, lors de la mise sur le marché d'un composé pharmaceutique, le contrôle de sa chiralité est d'une importance capitale.

À l'École Normale Supérieure (ENS) de Lyon, je me suis attachée à préparer des molécules chirales extrêmement simples, et à étudier cette brisure de symétrie qui existe entre la forme droite et la forme gauche et que les physiciens appellent « violation de la parité ».

Depuis que je suis au laboratoire des sciences chimiques de Rennes, je m'intéresse à la mise au point de matériaux novateurs à base de molécules chirales capables de faire tourner la lumière vers la droite ou vers la gauche. Dans le groupe « phosphore et matériaux moléculaires », auquel je participe, je combine mes connaissances dans le domaine de la chiralité avec les compétences du groupe du Professeur Régis Réau, un des leaders mondiaux dans le domaine des composés phosphorés pour l'opto-électronique.

« On ne commande à la nature qu'en lui obéissant. »

Francis Bacon

Henri Doucet

40 ans – Chimiste, spécialisé en chimie organique

- **Directeur de recherche CNRS ; à l'Université de Rennes 1 depuis 2006**
- **Doctorat de l'Université de Rennes 1 (1994)**
- **Post-doctorat à l'Université d'Oxford (Grande-Bretagne) (1995-1996)**
- **Post-doctorat au Japon dans le laboratoire du Professeur Noyori (Prix Nobel de chimie 2001) (1997-1998)**
- **Chargé de recherche CNRS à Marseille (1998-2005)**

Un chimiste peut il être « vert » ?

La mise au point de nouvelles méthodes plus propres utilisant des produits moins toxiques pour la synthèse de molécules tels que les médicaments ou matériaux est une nécessité pour réduire les rejets nocifs pour l'environnement. L'utilisation de catalyseurs a révolutionné ces méthodes en permettant d'élaborer de nouvelles voies de synthèse plus propres grâce à la haute sélectivité des réactions. Un des principaux défis actuel en chimie pour la formation de liaisons carbone-carbone est le couplage sélectif via l'activation d'une liaison carbone-hydrogène. Cette réaction présente l'avantage de diminuer la toxicité des rejets. En effet, les seuls sous-produits des réactions peuvent être de simples sels tels que NaCl (sel de cuisine) ou des acides non toxiques tels que l'acide acétique (constituant principal du vinaigre). Elle est donc plus intéressante d'un point de vue environnement et également plus économique que les réactions de couplage utilisant des métaux mises au point dans les années quatre-vingts.

Le groupe que je dirige travaille sur la mise au point de catalyseurs permettant d'effectuer ce type de réactions dans des conditions industriellement viables, tout en utilisant des solvants et réactifs peu ou non toxiques pour l'environnement. Ces recherches devraient permettre de simplifier l'accès à de nombreuses molécules ayant une utilité dans des domaines variés tels que la pharmacie (réduction du coût de fabrication de certains médicaments et diminution de la quantité de rejets toxiques dus à la fabrication de ces médicaments), ou les matériaux (ce type de réactions permet de synthétiser facilement des molécules ayant des propriétés physiques intéressantes).

« L'imagination n'est pas un état, c'est l'existence humaine elle-même. »

William Blake

Marc Fourmigué

46 ans – Chimiste, spécialisé en chimie des systèmes électroactifs

- **Directeur de recherche CNRS ; à l'Université de Rennes 1 depuis 2006**
- **École supérieure de physique et chimie industrielles (ESPCI) de la ville de Paris**
- **Doctorat de l'Université de Copenhague et de Paris XI – Orsay (1993)**
- **Post-doctorat à l'Université de Californie, Santa Barbara (États-Unis)(1994)**
- **Membre de l'Institut des matériaux Jean Rouxel à Nantes (1995-2002)**
- **Laboratoire de chimie et ingénierie moléculaire d'Angers (2003-2005)**
- **Prix de la division chimie de coordination de la Société française de chimie (1997)**
- **Prix Paul Pascal de l'Académie des sciences (2007)**

La vie trépidante des électrons célibataires.

Alors que les électrons vont toujours deux par deux dans les liaisons chimiques entre les atomes qui constituent les molécules, celles capables de perdre (oxydation) ou d'accepter (réduction) un seul électron deviennent alors radicalaires et possèdent une réactivité et des propriétés électroniques particulières. Ces molécules sont capables à l'état solide de s'empiler comme des galettes, offrant ainsi un chemin de conduction pour les électrons célibataires délocalisés le long de l'empilement. Ces cristaux moléculaires radicalaires deviennent alors des vrais métaux, au même titre que le cuivre ou l'aluminium, mais qui conduisent bien seulement dans une direction de l'espace. Ce confinement des électrons dans une seule direction restreint considérablement leur liberté de mouvement et introduit une forme de viscosité (les corrélations électroniques) dans leur écoulement et des propriétés physiques hors normes qui intéressent beaucoup les physiciens. Par contre, si au sein du cristal, notre molécule radicalaire a une forme assez tordue pour ne pas pouvoir s'empiler, les électrons restent chacun localisés sur leur molécule mais sont cependant assez proches pour donner au solide des propriétés magnétiques originales. Nous combinons donc ici, sur cette thématique, un travail de chimie organique de synthèse pour élaborer ces molécules, une technique électrochimique pour leur arracher un électron en en laissant un tout seul, un outil cristallographique pour analyser ces cristaux et une forte collaboration avec des physiciens de la matière condensée, en particulier à Orsay, Bordeaux et Rennes, pour comprendre les liens entre la structure des cristaux de molécules radicalaires et leurs propriétés électriques et magnétiques.

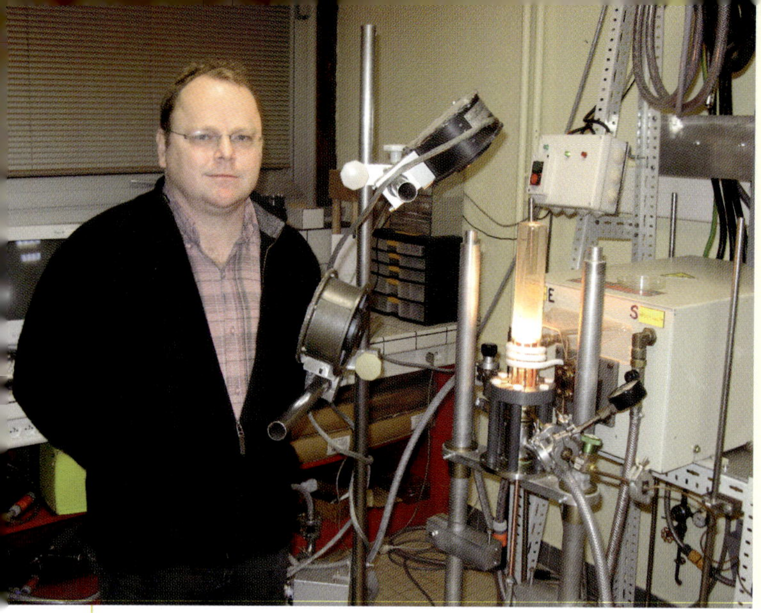

« La bougie ne perd rien de sa lumière en la communiquant à une autre bougie. »

Proverbe japonais

Thierry Gloriant

40 ans – Chimiste, spécialisé en métallurgie

- **Maitre de conférences ; à l'Insa de Rennes depuis 2000**
- **Doctorat de l'Université de Lille (1996)**
- **Post-doctorat à l'Université de Cambridge (Grande-Bretagne) (1996-1998)**
- **Chercheur invité au National Research Institute for Metals à Tsukuba au Japon(1998)**
- **Chaire Marie Curie à l'Université de Barcelone (Espagne) (1999-2000)**
- **Japanese Science and Technology Agency (STA) Award (Tsukuba, 1998)**
- **ISMANAM Junior Scientist Prize Medal (Oxford, 2000)**

Quand la métallurgie tombe sur un os !

Les alliages de titane représentent des biomatériaux de choix en raison de leurs caractéristiques physiques et biologiques. De ce fait, ils sont largement utilisés comme implants médicaux ou substituts osseux en chirurgie orthopédique et dentaire. Actuellement, la durée de vie d'une prothèse de la hanche en titane est estimée à une vingtaine d'années. Compte tenu de l'augmentation de l'espérance de vie de la population, une seconde implantation devient de plus en plus nécessaire, ce qui représente un enjeu d'importance majeure pour la santé publique.

Nos recherches dans ce domaine consistent à réaliser des alliages à base de titane pour une implantation durable dans le corps humain. Nous développons ainsi de nouveaux alliages à base de titane de type b-métastable par ajout d'éléments bétagènes comme le niobium ou le tantale (éléments biocompatibles remarquables) et qui possèdent des propriétés mécaniques proches de celles de l'os. Ces éléments d'addition présentent cependant l'inconvénient de posséder une température de fusion très élevée rendant la synthèse difficile. Néanmoins notre laboratoire, spécialisé dans la fusion d'alliage, a développé une technique particulière : la fusion par induction en lévitation magnétique qui évite ainsi le contact entre l'alliage et le creuset.

Cette technique permet une élaboration dans des conditions ultra propres (pas de réaction avec le creuset) ce qui est idéal pour la synthèse de biomatériaux métalliques à haut point de fusion. Les alliages parfaitement biocompatibles ainsi obtenus peuvent posséder des microstructures (et des nanostructures) tout à fait intéressantes qui permettent d'obtenir des propriétés remarquables pour les applications biomédicales, comme l'effet super-élastique, la mémoire de forme, un module d'élasticité proche de celui de l'os. Mais encore faut-il pouvoir maîtriser toutes les étapes depuis l'élaboration jusqu'à la microstructure désirée : c'est là qu'est l'os...

« *La liberté est pour la Science ce que l'air est pour l'animal.* »

Henri Poincaré

Maryline Guilloux-Viry

41 ans – Chimiste, spécialisée en sciences des matériaux

- **Professeur en chimie des matériaux à l'Université de Rennes 1 depuis 2005**
- **Doctorat de l'Université de Rennes 1 (1991)**
- **Ingénieur de l'Insa de Rennes (1988)**
- **Chargé de recherche CNRS à l'Université de Rennes 1 (1991-2005)**
- **Prix de la division chimie du solide de la Société française de chimie (2002)**
- **E-MRS Young Scientist Award, «The 3rd European East-West Conference on Materials and Processes», symposium «High Tc Superconductors» (1992)**

Couches minces et multicouches, à la croisée des disciplines.

La présence croissante des « hautes technologies » dans notre société génère un besoin perpétuel d'amélioration des performances : augmenter les possibilités tout en diminuant la taille des objets. Par exemple, l'évolution des dispositifs en microélectronique qui sont à la base des outils contemporains (téléphone portable, ordinateur, capteurs ...) passe par deux voies principales : la miniaturisation qui tend vers les nanotechnologies, mais aussi l'intégration de matériaux à propriétés remarquables.

Dans ce contexte, la maîtrise des matériaux en couches minces (d'épaisseur submicronique, c'est-à-dire inférieure au millième de millimètre) est devenue un enjeu essentiel.

Une activité importante en sciences des matériaux, consiste alors à développer des méthodes d'élaboration permettant de contrôler les caractéristiques physico-chimiques des matériaux en couches minces. Les activités de recherche menées par notre groupe sur la croissance de couches minces et multicouches de matériaux multiéléments à propriétés remarquables s'inscrivent dans cette démarche. Il s'agit pour nous de contrôler la composition et la structure des matériaux en couches minces, deux caractéristiques sur lesquelles reposent leurs propriétés, et par conséquent les performances des objets développés par la suite.

Actuellement, une part importante de nos activités porte sur l'étude de films minces d'oxydes pour des applications dans le domaine des télécommunications, en particulier pour commander à distance, grâce à un matériau judicieusement choisi, la fonction d'un composant, brique élémentaire des systèmes de télécommunications. Il est alors essentiel d'évoluer en synergie avec des laboratoires d'électronique et de physique afin d'évaluer et de comprendre les propriétés des matériaux et leur impact sur les performances des composants microélectroniques de demain.

Faire naître de nouvelles fonctions à partir des nouveaux matériaux placés au cœur des composants, tel peut se résumer un de nos principaux objectifs.

« Des pensées sans contenu sont vides, des intuitions sans concepts, aveugles. »

Emmanuel Kant

Philippe Hapiot

47 ans — Chimiste, spécialisé en électrochimie moléculaire

- **Directeur de recherche CNRS ; à l'Université de Rennes 1 depuis 2000**
- **Doctorat de l'Université Denis-Diderot - Paris VII (1985)**

L'électrochimie, une science ancienne pour un monde moderne.

Je m'intéresse à cette branche de la chimie à l'intersection de la chimie et de l'électricité. L'électrochimie, dans ses formes variées, joue un rôle essentiel dans le monde actuel. De très nombreux objets électrochimiques tels que les piles et batteries d'accumulateurs font partie de la vie quotidienne alimentant nos téléphones portables jusqu'aux piles à combustible qui propulseront peut-être les véhicules électriques du futur. En dehors de ces aspects classiques, cette discipline s'est développée dans de nombreux domaines hautement spécialisés et d'actualité tels que l'électrosynthèse organique et organométallique, la catalyse, la biochimie, la dépollution, la chimie analytique, les biocapteurs, les nanotechnologies....

Plus précisément, avec mon équipe nous utilisons la grande diversité des réactions chimiques initiées par un transfert électronique pour aller sonder les propriétés de nouvelles molécules ou réaliser de nouvelles interfaces fonctionnelles (capteurs, actionneurs,...) dans des dimensions pouvant s'approcher de la dimension moléculaire. Les domaines d'applications sont très larges allant du domaine de la dépollution, de l'énergétique, à la chimie analytique et bioanalytique, où les dispositifs électrochimiques offrent de formidables perspectives par le fait qu'ils transforment une information chimique en une information électrique facilement utilisable par un système informatique ou de contrôle. Il est à noter que l'électrochimie est une technique respectant l'environnement, car le réactif est l'électron du réseau électrique.

« La science consiste à passer d'un étonnement à un autre. »
Aristote

Muriel Hissler

36 ans – Chimiste, spécialisée en hétérochimie (éléments du P, S, Si...)

- **Professeur des universités ; à l'Université de Rennes 1 depuis 1999**
- **Doctorat de l'Université de Strasbourg 1 (1998)**
- **Post-doctorat à l'Université de Rochester (États-Unis) (1998-1999)**
- **Prix de la division de chimie de coordination de la Société française de chimie - jeunes chercheurs (2005)**
- **Membre junior de l'Institut universitaire de France (2007)**

L'hétérochimie pour innover .

Depuis le siècle dernier, les polymères ont fait leur apparition en tant que nouvelle famille de matériaux. Les applications se sont répandues dans des domaines très divers tels que la construction, l'emballage, l'automobile, les textiles, l'électroménager, etc. Le plus souvent, ces matériaux organiques sont de bons isolants.

Dans les années soixante dix, une découverte majeure a été faite par Mac Diarmid, Heeger et Shirakawa (Prix Nobel 2000). Ils ont montré que le polyacétylène dopé, polymère linéaire alternant liaisons simples et doubles, pouvait être conducteur. Ce nouveau type de matériau organique pi-conjugué combine à la fois les avantages des polymères plastiques (facilité de préparation, bonnes propriétés mécaniques) et les propriétés électroniques et optiques des semi-conducteurs inorganiques. Les premières applications de ces polymères en tant que composants pour les diodes électroluminescentes ou chromophores pour l'optique non linéaire ont émergé au début des années quatre-vingt dix.

Le développement de ces nouvelles applications repose très largement sur la capacité des chimistes à synthétiser de nouvelles molécules pour obtenir de nouveaux matériaux stables ayant des propriétés physico-chimiques diverses. Les travaux de recherche que je développe depuis mon arrivée à Rennes s'inscrivent directement dans cette thématique. Parmi ses résultats les plus marquants, on peut citer la synthèse des premiers polymères conducteurs à motifs phosphorés pour la détection de molécules neutres (Se, S, CO2, CO) et la mise au point de matériaux organophosphorés pour des diodes électroluminescentes et l'optique non linéaire.

« Science is a systematic expansion of human ignorance. »

R. Gutovsky

Viatcheslav Jouikov

47 ans — Chimiste, spécialisé en physico-chimie organique et électrochimie

- **Professeur des universités ; à l'Université de Rennes 1 depuis 2000**
- **Doctorat et doctorat d'État de l'Université d'État de Kazan (1985, 1995)**
- **Post-doctorat au laboratoire d'électrochimie moléculaire, Paris VII - Jussieu (1992)**
- **Séjours scientifiques à l'étranger : République Tchèque (1997), États-Unis (1998-2000), Autriche (2005)**

Le silicium est partout!

Le silicium est un élément extrêmement répandu dans la nature (sur Terre, seul l'oxygène est plus abondant) et très largement utilisé dans les diverses activités humaines. On le trouve partout : sous forme de dioxyde de silicium, il constitue plus de 20% de la masse du ciment produit au monde, il est aussi présent depuis les circuits intégrés d'ordinateurs et les téléphones portables jusqu'aux implants mammaires, les iris artificiels et l'industrie alimentaire. Malgré son abondance, contrairement au carbone, à l'azote et aux autres éléments essentiels, le silicium n'a pas de dérivés organiques naturels — il existe seulement sous des formes minérales, la plus répandue étant la silice ou le sable de plage. La vie organique à base de silicium et les histoires fascinantes d'Isaac Asimov, de Dneprov et d'autres auraient donc pu rester de la science- fiction si la science et la curiosité humaine insatiable pour les découvertes n'avait pas préparé les dérivés organiques du silicium.

D'abord obtenu par Friedel-Crafts et la réaction de Grignard il y a à peu près un siècle, ces composés ont vite démontré une large palette de propriétés physico-chimiques uniques qui provoquent un intérêt croissant pour ces produits. Pourtant — il reste toujours un « pourtant » — les méthodes de synthèse de ces composés à partir de la matière minérale (n'est ce pas la raison de l'absence de ces composés dans la nature?) sont très limitées, en fait il n'en existe que deux. D'où plus que l'intérêt au développement de nouvelles réactions et nouvelles méthodes permettant la fabrication de ces composés si recherchés.

L'électrochimie organique, utilisant l'électricité comme réactif universel, donne un outil puissant pour l'activation de molécules et la génération à la demande des espèces très réactives (radicaux, radicaux-ions, etc.) qui, à cause de leur réactivité élevée, ne peuvent être stockées comme la plupart des réactifs chimiques traditionnels mais utilisées sur place. Cette approche s'est avérée être très fructueuse en électrochimie du silicium. À leur tour, la structure électronique spécifique et les réactions inhabituelles de ces espèces ouvrent les nouveaux problèmes qui attendent leur exploration...

La recherche de mon groupe à Rennes porte donc sur la physico-chimie du silicium et de ses composés organiques, la génération des espèces extrêmement actives, l'étude de leurs propriétés et leur chimie visant à développer des nouveaux moyens de préparation de dérivés organiques du silicium aux propriétés recherchées.

« Dans la vie, rien n'est à craindre, tout est à comprendre. »
Marie Curie

Valérie Marchi-Artzner

37 ans — Chimiste, spécialisée en ciblage et auto-assemblages fonctionnels

- **Chargée de recherche CNRS ; à l'Université de Rennes 1 depuis 2004**
- **École Supérieure de Chimie et de Physique Industrielles (ESPCI) Paris**
- **Doctorat du Collège de France (direction du Professeur Jean-Marie Lehn) (1997)**
- **Post-doctorat à Munich (Allemagne) (1998)**
- **Chargée de recherche au CNRS au Collège de France (1998-2004)**

Des matériaux nanostructurés aux balises Argos dans nos cellules ...

Les nanomatériaux permettent de suivre à la loupe les mouvements dans nos cellules par un simple rayon ultraviolet. Mon équipe prépare et « décore chimiquement » ces nanocristaux fluorescents pour qu'ils accrochent comme des balises Argos sur les cellules visées. Ces cristaux de « sélénure de cadmium » sont mille fois plus petits qu'un globule rouge. Constitués d'un cœur inorganique de quelques milliers d'atomes seulement, ils émettent une très forte fluorescence dont on peut moduler la couleur par la taille. Pour cela il suffit d'ajouter quelques couches d'atomes pour que le cristal brille en bleu, quand le diamètre est de 2 nm, en vert (3 nm) ou en rouge (5nm).

Greffées chimiquement à leur cible, ces balises Argos permettent par exemple de suivre dans le temps et dans l'espace les différents acteurs de la division cellulaire. Ils révèlent ainsi la mécanique des processus vivants, décortiquent comment nos neurones communiquent entre eux dans le cerveau... Par simple observation des différents nanocristaux colorés, il est alors possible de comprendre le rôle des protéines dans la transmission d'informations, de neurone à neurone.

Ces nanocristaux servent aussi à suivre la circulation des médicaments dans le corps. Dans le cadre de la lutte contre le cancer, en collaboration avec un laboratoire pharmaceutique, mon équipe commence un programme de marquage d'anticancéreux. Ces nanocristaux permettent de déceler l'action de drogues potentiellement anticancéreuses testées actuellement sur des souris.

La fabrication de ces nanocristaux ne se limitent pas à des nanocristaux fluorescents. Ces nanocristaux couplés à des nanoparticules magnétiques pourraient véhiculer des principes actifs ou des molécules d'intérêt biologique là où il faut avec un simple aimant... l'intérêt de ce type de nanomatériaux ne se limite pas à la biologie. Pour peu qu'on sache les assembler de façon contrôlée, on pourrait concevoir des nanolasers !

« Le doute est le commencement de la sagesse. »
Aristote

Florence Mongin

39 ans – Chimiste, spécialisée en chimie organique

- **Professeur des universités ; à l'Université de Rennes 1 depuis 2005**
- **Ingénieur-chimiste Insa (1991)**
- **Doctorat de l'Université de Rouen (1991-1994)**
- **Post-doctorat à l'Institut de chimie organique de l'Université de Lausanne (Suisse) (1995-1997)**
- **Maître de conférences à l'Université de Rouen (1997-2005)**

Remplacer un hydrogène par un métal...

Le domaine de recherche dans lequel nous travaillons est celui des bases organométalliques. Ces dernières sont des composés capables de remplacer un atome d'hydrogène d'une molécule par un métal, conduisant à un composé organométallique qui peut être ensuite facilement transformé en une large gamme de produits.

Il existe un grand nombre de réactifs suffisamment basiques pour arracher un atome d'hydrogène d'une molécule, mais bien souvent ils le font de manière non sélective, c'est-à-dire qu'en même temps une autre partie de la molécule est transformée. Nous développons donc des bases dites «chimiosélectives», capables d'arracher un atome d'hydrogène sans altérer le reste de la molécule.

Notre stratégie consiste à combiner deux bases métalliques, une première trop réactive et une deuxième pas assez. Il résulte de cette association une base contenant deux métaux appelée «complexe ate» qui est très performante («synergique») puisqu'elle est à la fois suffisamment réactive (donc capable d'arracher un hydrogène) et chimiosélective (elle n'altère pas le reste de la molécule).

Les molécules «métallées» étant ainsi générées, il s'agit alors de fonctionnaliser ces dernières en les mettant en contact avec des réactifs choisis selon la fonction que l'on souhaite obtenir.

Les méthodes de synthèse que nous développons peuvent avoir de multiples applications telles que l'accès à des molécules cibles d'intérêt biologique.

Compte tenu du vieillissement de la population, un nombre croissant de personnes se trouve confronté à un dysfonctionnement ou à une dégénérescence cérébrale. Ainsi, environ un quart de la population de plus de quatre-vingts ans souffre de la maladie d'Alzheimer, qui est la troisième cause de décès après les maladies cardiovasculaires et les cancers. De nouvelles thérapies sont actuellement étudiées, mais leur impact ne sera pas immédiat. Par conséquent, il est nécessaire de continuer à développer en parallèle des médicaments pour traiter la maladie et ses conséquences non neurologiques.

Nous avons choisi d'utiliser les méthodes développées (bases «chimiosélectives») pour accéder à des inhibiteurs de kinases responsables d'une phosphorylation anormale de la protéine Tau et de production de b-amyloïde, toutes deux connues pour être à l'origine de la maladie d'Alzheimer.

« Le savant le sait bien, lui, que sans la science l'homme ne serait qu'un stupide animal sottement occupé à s'adonner aux vains plaisirs de l'amour dans les folles prairies de l'insouciance, alors que la science, et la science seule, a su lui apporter patiemment, au fil des siècles, le parcmètre automatique et l'horloge pointeuse sans lesquels il n'est pas de bonheur terrestre possible.»

Pierre Desproges

Mathieu Pasturel

31 ans – Chimiste, spécialisé en chimie du solide et matériaux

- **Chargé de recherche CNRS ; à l'Université de Rennes 1 depuis 2006**
- **Doctorat de l'Université de Bordeaux 1**
- **Post-doctorat au laboratoire de physique de la matière condensée de la Vrije Universiteit d'Amsterdam (Pays-Bas) (2004 - 2006)**
- **« Patent Award 2005 » du programme Néerlandais ACTS Sustainable Hydrogen**

De l'exotisme chez les électrons pour la production d'électricité « propre ».

Le réchauffement climatique, la pollution de l'air et la déplétion du pétrole sont des problèmes majeurs qui nécessitent le développement d'énergies propres et renouvelables.

Les matériaux thermoélectriques sont des candidats potentiels pour une conversion durable de l'énergie. La thermoélectricité est un phénomène de production d'un courant électrique par un solide sous l'effet d'une différence de température (effet Seebeck) ou *vice versa* la production de froid par application d'un courant électrique (effet Peltier) mesuré ne doit pas excéder 0,1 mm

Ces matériaux permettent donc de produire de l'électricité à partir des sources de chaleur perdues (par exemple pour récupérer la chaleur de l'échappement du moteur thermique, pour alimenter le moteur électrique dans le cas des véhicules à moteur hybride, améliorer le rendement des cellules solaires photovoltaïques,...) ou pour produire du froid sans gaz réfrigérants (comme c'est le cas actuellement dans les glacières électriques). Mon travail consiste à rechercher des nouveaux composés thermoélectriques à fort rendement. Pour cela, je synthétise puis étudie les propriétés cristallographiques, magnétiques et électroniques de composés intermétalliques à base de terres rares ou d'uranium.

Les fortes corrélations entre les électrons dans ces métaux donnent naissance à des phénomènes physiques très intéressants qui portent les noms exotiques de ferromagnétisme, supraconductivité, verre de spins ou encore non-liquide de Fermi.

Ce travail de recherche s'appuie sur de nombreuses collaborations entre chimistes et physiciens, au niveau local, national et international. De nombreux échanges avec des spécialistes du sujet Français, Polonais, Portugais, Allemands ou Autrichiens nous permettent un grand enrichissement scientifique mais aussi culturel.

« Je ne veux plus entendre parler de ces choses et de ces questions qui n'admettent pas l'expérience ! »
Friedrich Nietzsche

Frédéric Paul

41 ans — Chimiste, spécialisé en chimie organométallique

- **Chargé de recherche CNRS ; à l'Université de Rennes 1 depuis 1996**
- **Doctorat de l'Université de Strasbourg 1 (1993)**
- **Post-doctorat à l'Université de Yale (États-Unis) (1994), à l'École polytechnique, Paris (1995)**
- **Prix de thèse ADRERUS (1994)**

Des organofers pour comprendre l'électronique moléculaire ?

Les circuits électroniques sont utilisés en informatique pour effectuer des opérations logiques ou stocker de l'information en mettant à profit des courants électriques ou des champs magnétiques. À l'instar des composants électroniques constituant ces circuits intégrés, certaines molécules possédant des structures particulières peuvent transférer des charges (électrons) ou des « aimantations » (spin) d'un atome à l'autre. Un fois de telles molécules correctement agencées, il devrait donc être possible d'effectuer au niveau moléculaire les mêmes opérations logiques de traitement et de stockage de l'information qu'au niveau macroscopique. Étant donné que les molécules représentent le stade ultime de la matière organisée sur laquelle l'homme (le chimiste) peut espérer agir, l'intérêt de cette démarche réside évidemment dans la miniaturisation extrême envisageable. Cependant les lois électromagnétiques classiques qui opèrent dans le monde macroscopique ne sont souvent plus vérifiées à l'échelle des molécules, en raison de la nature « quantique » de ces dernières. De ce fait la délocalisation technologique espérée vers le « nanomonde » ne pourra pas simplement se faire en « copiant » au niveau moléculaire les architectures des circuits existants ; il faut préalablement comprendre des lois électromagnétiques opérant au niveau moléculaire.

C'est dans cette perspective que s'inscrivent nos travaux, en réalisant des assemblages moléculaires «modèles», de structures très variées, afin d'explorer ces lois. Dans cette démarche de recherche fondamentale, nous utilisons en général (mais pas exclusivement) des « organofers », c'est-à-dire des molécules contenant un ou plusieurs atomes métalliques auxquels sont « fixés » des « appendices » riches en atomes de carbone, pour « bâtir » ces édifices modèles. Ces molécules présentent en effet des propriétés remarquables pour de tels dessins. Les potentialités qu'offrent les architectures moléculaires réalisées, concernant le traitement ou du stockage de l'information, sont ensuite étudiées au sein de notre équipe, en collaboration avec des physiciens et des théoriciens locaux, ainsi qu'en partenariat avec divers groupes de recherche à l'étranger.

« C'est avant tout la poursuite de l'expérience qui importe : la raison suivra toujours, son bandeau phosphorescent sur les yeux. »

André Breton

Régis Réau

45 ans — Chimiste, spécialisé en chimie des matériaux moléculaires

- **Professeur des universités ; à l'Université de Rennes 1 depuis 1997**
- **Doctorat de l'Université de Toulouse (1988)**
- **Post-doctorat : boursier de la fondation Alexander von Humboldt, Aachen (Allemagne) (1989)**
- **Chargé de recherche CNRS au laboratoire de chimie de coordination, Toulouse (1990 - 1997)**
- **Membre junior de l'Institut universitaire de France (2001)**

Des chercheurs qui phosphorent !

Le mot « phosphore » signifie « porteur de lumière » (du grec forein, porter, et fvz, lumière). En 1603, un cordonnier italien, alchimiste à ses heures, fabriqua des pierres qui luisaient dans l'obscurité ! Ces pierres « magiques » (sulfate de baryum) connus sous le nom de « Phosphore de Bologne » furent les premiers matériaux luminescents synthétiques. L'élément phosphore (noté P) fut isolé vers 1670 par Brandt, un autre alchimiste qui cherchait à extraire de l'or de l'urine ! Cette découverte fit sa fortune car cet élément possédait la propriété unique d'émettre de la lumière. De nos jours, la chimie du phosphore est très développée. Cet élément rentre, entre autre, dans la composition des engrais (le P de NPK), des dentifrices, de catalyseurs utilisés industriellement. C'est également un oligo-élément indispensable à la vie.

Le groupe « Phosphore et Matériaux Moléculaires » (PMM), développe la chimie des composés phosphorés pour la synthèse de matériaux semi-conducteurs. Notre but est d'obtenir des matériaux « plastiques » (légers, faciles à mettre en forme) capables de remplacer à terme le silicium dans des dispositifs électroniques. Après avoir longuement phosphoré, nous avons par exemple mis au point des composés organophosphorés phosphorescents ! Ils peuvent être employés pour fabriquer des diodes électroluminescentes organiques (OLED en anglais) qui sont utilisables pour fabriquer des écrans plats extra-fins. Nous travaillons également à l'élaboration de diodes capables d'émettre une lumière « blanche » sous de faibles tensions (5-10 volt). Ces dispositifs consomment peu d'énergie et sont une alternative à l'éclairage traditionnel (lampes incandescentes) dans le cadre d'un développement durable. Nous développons également une recherche plus fondamentale avec la synthèse de nouveaux matériaux possédant des structures inédites. Cette approche utilise toute la richesse de la chimie du phosphore, et des réseaux cristallins à large porosité capables de stocker des molécules gazeuses (dihydrogène, dioxyde de carbone...) sont ciblés.

« La recherche a besoin d'argent dans deux domaines prioritaires : le cancer et les missiles antimissiles. Pour les missiles antimissiles, il y a les impôts. Pour le cancer, on fait la quête. »
Pierre Desproges

Pierre Van de Weghe

38 ans — Chimiste, spécialisée en synthèse totale de composés naturels et catalyse

- **Professeur des universités ; à l'Université de Rennes 1 depuis 2007**
- **Doctorat de l'Université de Paris XI - Orsay(1995)**
- **Post-doctorat à l'Université de Stuttgart (Allemagne) (1995-1997)**
- **Séjours scientifiques à l'étranger : Lisbonne (Portugal) (1993), Sendaï (Japon) (2005)**
- **Chargé de recherche CNRS, Université de Haute-Alsace-Mulhouse (1997-2007)**
- **Médaille de bronze CNRS (2004)**

Les substances lichéniques : nouvelles sources d'inspiration pour le médicament ?

Les lichens sont le résultat d'une symbiose entre un champignon et une algue verte ou cyanobactérie. Ils produisent de nombreux métabolites secondaires (molécules) dont certaines possèdent d'intéressantes propriétés biologiques et sont donc de potentielles sources d'inspiration pour le médicament (comme par exemple pour la prévention et le traitement des cancers cutanés tels que le mélanome). Ces composés chimiques produits par les lichens sont parfois extraits en très faible quantité (à l'échelle du milligramme) à partir de plusieurs dizaines de grammes de lichens. Nos travaux consistent à les préparer par la synthèse totale afin de les posséder en plus grande quantité et ainsi approfondir l'étude de leur activité biologique. De même, au cours de ces synthèses, nous pouvons introduire des éléments de variation par rapport à la structure originale que la nature ne peut apporter et qui parfois conduisent à une amélioration de l'activité biologique.

Pour mener à bien ces projets, nous nous intéressons également à la mise au point de stratégies nouvelles et originales de synthèse basées sur l'emploi de catalyseurs métalliques. Ainsi, en nous appuyant sur une réactivité chimique économe en atomes (rôle de la catalyse) et en reproduisant par la synthèse organique des composés naturels rares et parfois issus de plantes peu abondantes, nous restons soucieux des impératifs écologiques d'aujourd'hui tout en tentant d'apporter des réponses aux besoins de la santé humaine.

« And at the fall of night, this city is made of light. »
Kraftwerk (groupe musical allemand)

Martinus Werts

34 ans – Chimiste, spécialisé en photonique moléculaire

Chargé de recherche CNRS ; à l'Université de Rennes 1 depuis 2002

Doctorat de l'Université d'Amsterdam (Pays-Bas) (2000)

De la lumière et des billes en or.

La lumière du soleil apporte à notre planète l'énergie indispensable à la vie. Depuis des millions d'années algues, arbres et autres plantes poussent grâce à l'énergie lumineuse transportée par les rayons du soleil. La lumière peut également véhiculer de l'information : une grande partie de l'Internet consiste en de longues fibres en verre par lesquelles transitent les pages web sous forme d'impulsions lumineuses. L'homme est depuis longtemps fasciné par les matériaux qui peuvent générer, transformer, guider, colorer, sculpter la lumière. Lumière qui, à son tour, peut parfois changer, transformer, structurer les matériaux qu'elle touche (ce qui forme entre autres la base de la photographie).

L'ensemble des sciences et technologies liées à la lumière s'appelle la «photonique». La photonique rassemble opticiens, physiciens, chimistes, ingénieurs mais aussi de plus en plus de biologistes et médecins qui voient le potentiel de la lumière pour l'imagerie et le diagnostic biomédicaux ainsi que pour certaines nouvelles thérapies.

Je suis chimiste. J'aime les molécules, j'aime la lumière, et j'aime discuter avec des gens d'horizons différents. Ce n'est donc pas un hasard si mon domaine de prédilection est la «photonique moléculaire». En utilisant les molécules comme si elles étaient des briques de Lego extrêmement miniaturisées (ayant l'étonnante capacité de s'assembler toutes seules !), nous construisons de minuscules assemblages dont nous étudions le comportement face à une exposition à la lumière dont la couleur et l'intensité sont variées. Actuellement, j'associe les molécules à de très petites billes d'or, en espérant rendre l'interaction entre molécules et lumière encore plus fructueuse. Mille fois plus petits que l'épaisseur d'un cheveu, ces morceaux d'or couverts de matière organique pourraient aider aux analyses médicales et environnementales, ou être un élément clé pour des thérapies à base de lumière. Le chemin est encore long, mais de mieux en mieux éclairé !

« Connaître son ignorance est la meilleure part de la connaissance. »

Proverbe chinois

Xianghua Zhang

43 ans – Chimiste, spécialisé en matériaux transparents dans l'infrarouge

- **Directeur de recherche CNRS ; à l'Université de Rennes 1 depuis 1984**
- **Études universitaires à Zhejiang University en Chine (1979-1983)**
- **Doctorat de l'Université de Rennes 1 (1988)**
- **Chercheur CNRS à l'Université de Rennes 1 (1989-1996)**
- **Président-Fondateur de VERTEX SA. (Acigné, France), devenu Umicore IR Glass, (1996-2002).**
- **Directeur technique à Beamtek Inc, (Arizona, États-Unis)(2002)**
- **Grand prix Yvan Peyches de l'Académie des sciences (2004)**
- **Prix Innovation et défense du ministère de la Défense, (1997)**
- **Prix scientifique IBM jeune chercheur (Science des matériaux)(1990)**

À quoi sert de voir l'invisible?

L'œil humain n'exploite qu'une toute petite zone du spectre électromagnétique, puisqu'il est sensible « seulement » entre 0,40 µm et 0,75 µm. Au delà, c'est l'invisible avec le domaine infrarouge qui s'étend jusqu'à environ 100 µm.

Peut-on exploiter la lumière infrarouge? Bien sûr que oui. En effet, tous les objets émettent de la lumière visible ou « invisible » en fonction de leur température. Le soleil émet un maximum dans le visible (grâce à l'adaptation de l'œil humain au soleil?) avec une température d'environ 5 500 °C à la surface. Les objets ayant une température proche de la température ambiante, comme un corps humain par exemple, émettent un maximum dans l'infrarouge vers 10 µm.

La première application de l'infrarouge est certainement la vision nocturne qui exploite l'émission propre de la scène à observer sans avoir besoin de l'éclairage par une source lumineuse telle que le soleil ou une lampe. Ainsi on peut voir de jour comme de nuit. Cette technologie, d'abord développée pour des applications militaires, est aujourd'hui de plus en plus exploitée pour des applications civiles. À titre d'exemple, la vision nocturne est maintenant disponibles sur les voitures BMW, offrant une vision très appréciée lors que la visibilité est réduite en raison du brouillard ou dans la nuit. Ce système permet notamment de repérer très facilement les piétons.

Une autre application de l'infrarouge concerne la recherche des planètes extrasolaires pouvant abriter la vie. Cette recherche est menée dans l'infrarouge essentiellement pour deux raisons: premièrement, les substances indispensables à la vie (oxygène, ozone et eau) ont leur signature dans l'infrarouge. Deuxièmement, le contraste entre les planètes et leur étoile est 1 000 fois plus favorable dans l'infrarouge que dans le visible, facilitant considérablement leur observation.

Et notre travail dans tout cela? Les verres que nous connaissons tous ne sont pas transparents dans l'infrarouge. Seul un métal extrêmement rare, bien plus rare que l'or, qui est le germanium, est utilisable. Nous avons inventé, développé, industrialisé et commercialisé les verres Tex qui remplace le germanium pour certaines applications et qui ouvrent d'autres applications inaccessibles au germanium, comme celles discutées ci-dessus.

Mathématiques, électronique, sciences et technologies de l'information et de l'ingénierie

Philippe Besnier
Virginie Bonnaillie-Noël
Antoine Chambert-Loir
Pierre Hellier
Florian Méhats
Christine Morin
Franck Multon
Éric Pottier
Ronan Sauleau

Les mathématiques, tout comme les sciences et techniques de l'information (l'informatique), font partie depuis longtemps des domaines qui font la réputation de la recherche rennaise; cela notamment par leurs relations scientifiques internationales, par leur recrutement, par les échanges de chercheurs.

Leur structuration en unités de taille importante conforte leur visilibité. Il est reconnu, au plan national que, dans ces domaines , les unités rennaises sont parmis les premières.

Le fait marquant de ces dernières années est la réorganisation de l'électronique rennaise qui souffrait d'une trop grande dispersion dans des structures éparses sur de multiples établissements. Aujourd'hui regroupés au sein de l'Institut d'Électronique et des Télécommunications de Rennes (IETR), les électroniciens rennais forment une unité parmi les plus importantes de France. Avec cette restructuration, les moyens techniques se mutualisent et les chercheurs de qualité peuvent venir à Rennes faire de la recherche d'excellence. C'est ainsi que sont venus Éric Pottier ou Philippe Besnier. Bien entendu cela aide aussi les jeunes chercheurs formés à Rennes, à l'exemple de Ronan Sauleau, à donner le meilleur d'eux-mêmes.

À l'interface des mathématiques, de l'informatique, de l'électronique et de la médecine, l'équipe de traitement du signal et de l'imagerie médicale permet à Rennes d'affirmer sa vocation à être, dans tous les domaines de l'image, un centre de recherche qui compte au plan national.

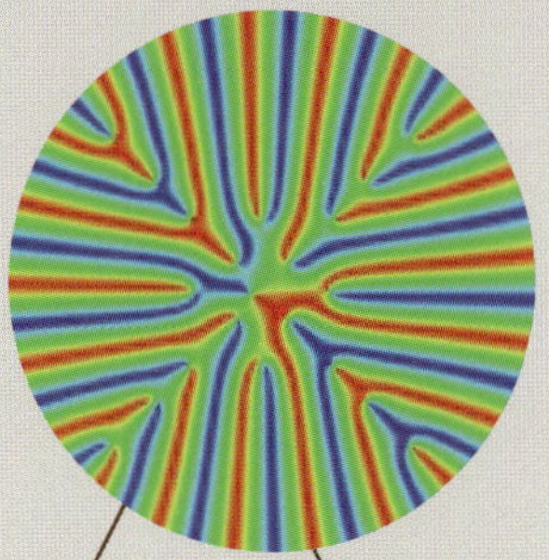

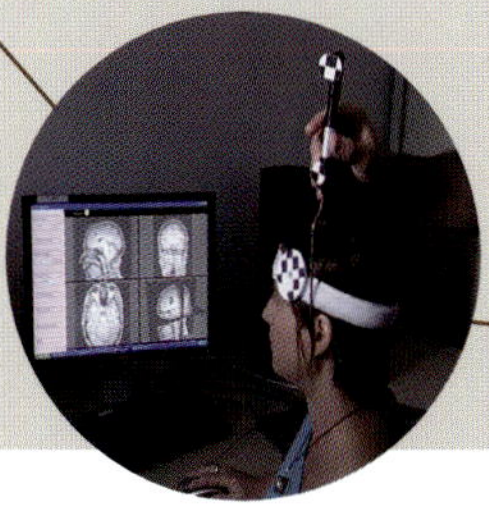

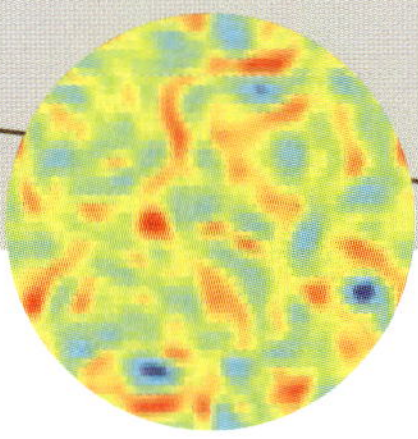

Les « coups de pouce » de Rennes-Métropole

2 allocations d'installation scientifique, 40 000 € chaque :

Philippe Besnier (2003)

Marie-Caroline Jullien (2004)

3 allocations d'installation scientifique, 10 000 € chaque :

Antoine Chambert-Loir (2005)

Virginie Bonaillie-Noël (2006)

Florian Méhats (2007)

Participation à des acquisitions d'équipements scientifiques :

Plate forme en microsystème (Bruno Le Pioufle) : 66 000 €

Bibliothèque mathématique (Nicolas Lerner) : 75 000 €

Lasers et accessoires (Tayeb Mohammed-Brahim) : 45 000€

Échographe tridimensionnel (Pierre Hellier) : 100 000 €

IETR (Daniel Thouroude) : 29 000 €

Tapis roulant calorimètre (Franck Multon) : 50 000 €

Aménagements de locaux :

Irisa extension : 400 000 €

« Qu'as-tu que tu n'aies reçu? »

Saint Paul

Philippe Besnier

40 ans – Électronicien, spécialisé en électromagnétisme

- **Chargé de recherche CNRS; à l'Insa de Rennes depuis 2002**
- **Doctorat de l'Université des sciences et techniques de Lille (1993), Chargé de recherche CNRS à l'Université de Lille (1994-1997)**
- **Directeur du CERPEM à Laval, Centre d'Études et de Recherches en Protection Electromagnétique (1997-2002)**

Assurer l'immunité aux parasites électromagnétiques: un défi pour les nouvelles technologies électroniques.

Mes travaux portent sur la compatibilité électromagnétique. Cela consiste à maîtriser les signaux électriques et électromagnétiques parasites qui se superposent aux signaux utiles. Or, ce sont ces signaux utiles qui engendrent eux-mêmes des signaux parasites. Un exemple? Votre téléphone mobile émet un signal électromagnétique. Utile, n'est ce pas? Oui mais, au passage de l'onde, le portail automatique d'entrée de votre parking s'ouvre tout seul, pour laisser passer... de l'air! Un signal parasite engendré par l'onde émise par le téléphone a été perçu par l'électronique de contrôle du portail comme un signal de commande d'ouverture.

Précisément la compatibilité électromagnétique (CEM en abrégé) consiste à anticiper ce type de situation d'une part en réduisant (à défaut de les supprimer) autant que faire se peut les sources de signaux parasites, et d'autre part en calculant lorsque cela s'avère nécessaire des protections spécifiques. Assurer la compatibilité électromagnétique de certains systèmes est complexe, et les enjeux sont considérables. C'est une exigence très forte dans de nombreux secteurs industriels tels l'automobile, l'aéronautique, le ferroviaire ou les télécommunications. Autant de secteurs où les dispositifs électroniques sont très nombreux, y compris au cœur des fonctions de sécurité. Pour ces dernières, les situations de non-compatibilité sont particulièrement redoutées...

Alors il faut élaborer des approches calculatoires ayant pour objectif de quantifier les risques le plus tôt possible en phase de conception des systèmes mais aussi travailler à de nouvelles techniques de mesure ayant pour but de démontrer la compatibilité des systèmes une fois réalisés.

Des outils pour calculer, des outils pour vérifier et la mise au point de méthodes pour aboutir à des protections fiables et peu coûteuses, voilà en somme le but des recherches que nous menons. C'est un mélange de concepts théoriques et expérimentaux variés, c'est une discipline aux contours très larges.

« Les mathématiques sont un outil que l'esprit de l'homme ne cesse de construire et de perfectionner afin de comprendre le monde. »

Jean-Michel Bony

Virginie Bonnaillie-Noël

30 ans — Mathématicienne, spécialisée en mathématiques appliquées

- **Chargée de recherche au CNRS ; à l'ENS Cachan-Bretagne depuis 2004**
- **École normale supérieure de Cachan (1999-2001)**
- **Doctorat de l'Université Paris - Sud, Orsay (2003)**
- **Séjours scientifiques à l'étranger : Stockohlm (2002) ; Munich (2003)**
- **Médaille de bronze CNRS (2008)**

Y a-t-il encore quelque chose à chercher en mathématiques ?

Cette question, les chercheurs en mathématiques l'entendent fréquemment. La recherche en mathématiques appliquées prend un essor considérable. Cela vient en particulier de l'interaction de cette discipline avec les autres sciences telles que la physique, la mécanique, la biologie ou l'économie. Les mathématiques jouent un rôle prépondérant dans la conception et l'élaboration des objets de notre vie quotidienne (cartes à puces, téléphones portables, internet, nanotechnologies,...) ainsi que dans l'explication ou la prévision de phénomènes (génétique, finance, météorologie,...).

La recherche en mathématiques appliquées se nourrit de ses liens avec les autres sciences et avec le monde réel. De ces échanges, apparaissent de nombreuses questions auxquelles les chercheurs essaient de répondre. Il faut identifier un problème, en extraire un modèle simplifié pour savoir le résoudre mais assez complexe pour être le reflet du réel. C'est ce difficile équilibre qui permet d'apporter des solutions partielles mais réelles notamment par des simulations numériques. Mais plus précisément à quoi mes travaux s'intéressent-ils ?

Tout d'abord à la supraconductivité c'est-à-dire à la propriété que possèdent certains matériaux de laisser passer le courant sans dissipation d'énergie lorsqu'ils sont maintenus à température assez basse. De plus, soumis à des champs magnétiques, leurs propriétés varient avec l'intensité de ce champ. De nombreuses applications sont nées de l'étude de ces matériaux : le MagLev (train à lévitation magnétique mis en circulation à Shanghai), les IRM,... L'objet de mes travaux est de déterminer l'influence de la géométrie du matériau sur l'apparition de la supraconductivité. Pour cela, j'utilise à la fois des outils théoriques mais également des simulations numériques. Rennes-Métropole a partiellement financé l'achat de nouveaux calculateurs plus rapides afin d'explorer de nombreuses géométries.

Il s'agit là d'un vaste programme dont on imagine les applications dans la vie de tous les jours. Ainsi les mathématiques peuvent aider à déterminer le profil des rails ou des bétons porteurs pour améliorer les performances d'un train à lévitation !

« Le Bon Dieu a créé les nombres entiers, tout le reste est l'œuvre de l'Homme. »
Léopold Kronecker (cité par Heinrich Weber)

Antoine Chambert-Loir

36 ans — Mathématicien, spécialisé en géométrie arithmétique

- Professeur des universités ; à l'Université de Rennes 1 depuis 2003
- Doctorat de l'Université Paris VI (1995)
- Maître de conférences (1997-2000) à l'Université Paris VI
- Professeur associé (2001-2003) à l'École polytechnique
- Membre junior de l'Institut universitaire de France (IUF) (2007).

Mais où sont mes racines ?

Mathématicien, mon activité de recherche concerne la géométrie arithmétique. Juchée sur les augustes épaules de Diophante, Fermat, Euler, Gauss,... puis, au XXe siècle, de Weil, Serre, Grothendieck, Deligne,... cette discipline explore les interactions entre la géométrie d'un système d'équations polynomiales et l'arithmétique de ces solutions en nombres entiers, rationnels, algébriques, ou en congruences.

Par système d'équations polynomiales, on entend une série d'expressions du genre $y^2 - xy + x^3 - x - 1 = 0$. Si pour le profane, cela peut sembler n'être qu'un assemblage abscons de x et de y (voire de z), de telles équations se voient attribuer une signification géométrique : leur satisfaction s'interprète comme une propriété des coordonnées d'un point du plan, de l'espace ; elles expriment ainsi de manière algébrique une forme de l'espace.

Parce que les nombres les plus simples sont les nombres entiers, les mathématiciens de l'Antiquité grecque nous ont légué ce sujet d'étude incomparable qu'est la recherche de solutions en nombres entiers d'équations polynomiales. Autrement dit, face à une expression en x, y, etc. comme ci-dessus, par quelles valeurs entières est-il possible de remplacer x, y,... de sorte à satisfaire la relation ? Le « dernier théorème de Fermat » selon lequel les équations $x^3 + y^3 = z^3$, $x^4 + y^4 = z^4$, etc. n'ont pas de solutions en nombres entiers non nuls, posé par Fermat en 1680 et résolu en 1995 par Wiles, en est peut-être l'exemple le plus connu.

Face à un système d'équations polynomiales, les premières questions qui viennent à l'esprit sont : a) Y a-t-il une infinité de solutions ? ou au contraire seulement un nombre fini, voire aucune ? b) Que peut-on dire de leur répartition au sein de la multiplicité des solutions en nombres réels (les « nombres à virgule ») ? c) Que peut-on dire de la « taille » des solutions ?

C'est ainsi que nous avons exploré ces dernières questions dans le cadre des compactifications équivariantes d'espaces affines. Mais Dame Nature nous a mis un obstacle important. Quelle que soit notre ingéniosité, il n'existera jamais de méthode applicable à n'importe quelle équation et permettant de décider si elle a, ou non, une solution en nombres entiers. Les mathématiciens ne pourront donc traiter que des séries de cas plus ou moins particuliers choisis par leur (bon) goût et leur intuition : tous ne révèlent pas des phénomènes mathématiques profonds.

La quête de la compréhension des nombres entiers, l'étude de l'arithmétique (« reine des mathématiques » selon Gauss), doit donc se poursuivre.

« L'éclair me dure. »

René Char

Pierre Hellier

33 ans – Informaticien, spécialisé en imagerie médicale

- Chargé de recherche Inria ; à l'Université de Rennes 1 depuis 2001
- Ingénieur SupAéro (Toulouse) (1996)
- Doctorat de l'Université de Rennes 1 (2001)
- Post-doctorat à l'Université d'Utrecht (Pays-Bas) (2001)
- Séjour à l'Université Mc Gill auprès de l'hôpital neurologique à Montréal (Canada)
- Mention spéciale du prix jeune chercheur de la région Bretagne

La neuronavigation : un outil de repérage en psychiatrie et neurochirurgie.

Affecté à l'Irisa, équipe-projet Visages, Inria Inserm U746, je travaille sur le traitement d'images médicales et la neuronavigation. Le traitement d'images médicales consiste à développer des algorithmes pour exploiter les images de manière plus efficace. En effet, avec l'apparition d'examens 3D multimodaux et le suivi des patients au cours du temps, le nombre de données que le médecin doit mentalement appréhender est énorme. Ces examens sont entre autres l'IRM, le Scanner X, l'échographie et l'imagerie fonctionnelle dans le cas du cerveau. Cette dernière permet de cartographier les fonctions des différentes zones du cerveau.

Dans ce cadre, je développe des processus de restauration : il s'agit d'enlever le bruit des images et de rehausser le contraste ; des outils de segmentation : on cherche à déterminer les contours d'objets tels qu'organes ou lésions ; et enfin des méthodes de recalage : leur but est d'aligner géométriquement les différents examens d'un même organe.

La neuronavigation est en quelque sorte aux cliniciens ce que le GPS est aux automobilistes. Il s'agit d'un système de positionnement 3D composé principalement d'une caméra binoculaire (le satellite) qui permet de fusionner l'imagerie IRM de référence (la carte routière) avec le patient (la route). À Rennes, deux applications sont développées dans ce contexte : l'une en psychiatrie avec le service universitaire du CHP Guillaume Régnier, l'autre en neurochirurgie avec le service de neurochirurgie du CHU Pontchaillou.

En neurochirurgie, la difficulté majeure est due aux grandes déformations qui apparaissent pendant l'intervention chirurgicale. Ces déformations sont dues aux produits anesthésiants et diurétiques, à la perte de liquide cérébrospinal et au processus chirurgical, etc. Pour reprendre l'analogie avec le GPS, c'est comme si la carte routière se déformait. Le bénéfice de la planification chirurgicale – quelle zone retirer, en passant par quel chemin, en évitant quelle zone ? – est alors diminué. Il convient alors de corriger ces déformations, notamment grâce à l'imagerie échographique intra-opératoire.

« Le plus court chemin d'un point à un autre est la ligne droite, à condition qu'ils soient bien l'un en face de l'autre. »

Pierre Dac

Florian Méhats

37 ans — Mathématicien, spécialisé en mathématiques appliquées à la physique

- **Professeur des universités ; à l'Université de Rennes 1 depuis 2005**
- **École polytechnique (1990-1993)**
- **Maître de conférences de l'Université de Toulouse 3 (1999-2005)**
- **Ingénieur de l'armement au Centre Électronique de l'ARmement (CELAR), Bruz (1997-1999)**

Les mathématiques appliquées, un métier à l'interface.

Qu'ont en commun les galaxies stellaires, les plasmas des réacteurs à fusion ou encore les composants de l'électronique miniaturisée à l'extrême ? À des échelles aussi différentes que l'on peut l'imaginer, ces systèmes mettent en jeu un très grand nombre de particules — selon le cas, des étoiles, des ions ou des électrons — qui sont toutes en interaction les unes avec les autres par le biais de forces à longues distances (forces de gravitation ou électromagnétiques). La prédiction de leur évolution au cours du temps ne peut se faire qu'en passant par la simulation numérique, l'outil indispensable de la science moderne. Mais il faut bien se rendre compte que les ordinateurs les plus puissants ne pourront jamais simuler ces systèmes en prenant en compte toutes les particules individuellement : il est nécessaire de passer au préalable par une phase de modélisation, afin de mettre ces problèmes sous la forme d'équations que l'on sait raisonnablement simuler. Il est bien connu que dans les systèmes complexes les petites échelles peuvent avoir un effet aux grandes échelles.

À ce stade, il faut savoir faire des compromis ! En effet, le physicien souhaite des modèles précis mais la simulation numérique est d'autant plus réalisable que les équations ont le moins d'inconnues possibles. À l'interface avec la physique et l'informatique, la compétence du mathématicien appliqué est utile, à plusieurs niveaux.

D'une part, l'étude mathématique des équations mises en jeu dans ces problèmes permet de mettre à jour leurs propriétés qualitatives et de mieux comprendre les liens entre les modèles que l'on peut établir aux différentes échelles du problème. Mais le rôle du mathématicien ne s'arrête pas à la compréhension des équations elles-mêmes. La discipline qui consiste à se poser la question de savoir sous quelles conditions le résultat calculé par l'ordinateur correspond bien au problème initial s'appelle l'analyse numérique et a véritablement pris son essor ces dernières trente années avec l'amélioration des puissances de calculs.

Me poser des problèmes mathématiques théoriques avec une finalité très appliquée, parfois technologique, c'est ce qui motive mon travail de recherche depuis une quinzaine d'années. Au cours de ces années, des circonstances variées et le hasard de certaines rencontres m'ont amené à me confronter à des problématiques issues de domaines physiques très différents. J'essaie d'apporter des réponses à ces questions en posant un regard différent mais fédérateur, celui du mathématicien appliqué.

« Le monde ne sera heureux que quand tous les hommes auront des âmes d'artistes, c'est-à-dire quand tous prendront plaisir à leur tâche. »

Auguste Rodin

Christine Morin

43 ans – Informaticienne, spécialisée dans l'étude des systèmes d'exploitation distribués et de la tolérance aux fautes

- **Directrice de recherche Inria ; au centre de recherche Inria de Rennes depuis 2002**
- **Doctorat de l'Université de Rennes 1 (1990)**
- **Prix Excellencia catégorie « Recherche fondamentale »**

Agréger la puissance de calcul d'ordinateurs répartis à l'échelle de la planète.

Dès mes débuts dans la recherche, je me suis spécialisée dans les domaines des systèmes d'exploitation distribués et de la tolérance aux fautes. En 1998, je me suis orientée vers le calcul à haute performance en m'intéressant dans un premier temps à la conception d'un système d'exploitation pour le calcul à haute performance sur des grappes de calculateurs puis en étendant ces travaux à des systèmes de beaucoup plus grande échelle, les grilles de calculateurs. Il s'agit d'agréger la puissance de calcul de nombreux calculateurs interconnectés pour exécuter des applications scientifiques de simulation numérique. Ces applications requièrent des heures, des jours voire des mois de calculs exploitant de multiples processeurs en parallèle.

Les environnements de calcul tels que les grappes et les grilles informatiques sont difficiles à utiliser, programmer et administrer du fait de la distribution des ressources dans différents calculateurs interconnectés. L'objectif des travaux de recherche de mon équipe est de rendre l'utilisation des grappes et des grilles de calculateurs la plus simple possible tout en garantissant d'excellentes performances aux applications.

Plus spécifiquement, nous avons conçu et mis en œuvre le système Kerrighed, un système d'exploitation, fondé sur Linux, qui donne l'illusion aux utilisateurs qu'une grappe est une machine multiprocesseur virtuelle. Avec le système Kerrighed, les applications conçues pour un calculateur exploité sous système Linux sont exécutées sur des grappes de calculateurs sans aucune modification. Kerrighed est en cours d'industrialisation par la jeune « pousse » Kerlabs dont je suis cofondatrice et dont les gérants sont trois de mes anciens doctorants.

À la suite de ces travaux, notre nouveau défi est d'étendre le système d'exploitation Linux pour y intégrer des mécanismes pour la gestion d'organisations virtuelles fédérant des calculateurs d'une grille informatique. Contrairement aux calculateurs d'une grappe, les calculateurs d'une grille appartiennent à différentes institutions et sont situés sur différents sites géographiques à travers le monde. Il s'agit là encore de faciliter l'accès à la puissance de calcul en rendant la grille invisible pour les utilisateurs et en leur offrant l'interface Posix traditionnelle. Ces travaux sont menés dans le cadre du projet européen XtreemOS que je dirige et qui regroupe dix-neuf partenaires académiques et industriels de sept pays européens et de Chine.

« Si ton œil était plus aigu tu verrais tout en mouvement. »
Friedrich Nietzsche

Franck Multon

36 ans – Informaticien, spécialisé en biomécanique

- **Maître de conférences ; à l' Université Rennes 2 depuis 1999**
- **École nationale supérieure des sciences appliquées et de technologie**
- **Doctorat de l'Université de Rennes 1 (1998)**
- **Collaborateur extérieur Inria Rennes depuis 1999**

Un peu d'exercice physique chaque jour... en virtuel !

Dans le domaine de l'activité physique, l'un des principaux problèmes revient à améliorer la performance sportive tout en minimisant les risques de la pratique. Pour mieux maîtriser ce rapport performance/risque, l'expérimentation reste le moyen le plus utilisé. Cependant, les conditions expérimentales sont très difficiles à reproduire d'un sujet à l'autre. La simulation et la réalité virtuelle apportent des moyens pour standardiser les protocoles. C'est le cas lorsqu'on demande à un gardien de handball de s'opposer à des tireurs virtuels dont le mouvement est complètement simulé. Cet opposant numérique est totalement sous contrôle et permet de reproduire fidèlement des conditions expérimentales. Il est alors possible d'étudier finement l'influence d'une modification de 10 cm de la position du poignet du joueur virtuel sur le comportement du gardien, ce qui serait impossible dans le réel.

Ceci pose inévitablement le problème de la crédibilité des personnages virtuels et donc, de leur aptitude à reproduire des mouvements perçus comme naturels. À partir de mesures de mouvements réels, nous développons des méthodes numériques capables de reproduire fidèlement le comportement locomoteur humain. Cela peut se faire en modifiant un mouvement existant pour répondre à de nouvelles contraintes (comme lancer le ballon 10 cm plus haut que ce qui a été mesuré). Le logiciel MKM* a été développé en collaboration avec le projet Bunraku de l'Irisa en ce sens. À l'inverse, nous proposons aussi des méthodes de simulation de locomotions partant uniquement de la description anatomique d'un primate bipède humain ou non-humain. Le squelette offrant une infinité de mouvements possibles, le problème revient alors à choisir celui qui vérifie des hypothèses générales sur le contrôle moteur, comme la minimisation d'énergie, par exemple.

Les applications de ce type de recherche sont multiples puisque le mouvement humain se trouve à l'interface de nombreux domaines et disciplines scientifiques.

* www.Irisa.fr/siames/MKM

« L'imagination est plus importante que la connaissance. »

Albert Einstein

Éric Pottier

45 ans – Électronicien, spécialisé en télédétection radar polarimétrique et interférométrique

- **Professeur des universités ; à l'Université de Rennes 1 depuis 1999**
- **Doctorat de l'Université de Rennes 1 (1990)**
- **Best Paper Award EUSAR 2000 Munich (Allemagne)**
- **Student Award International Radar Conference RADAR 2000**
- **Associate Professor de Capital Normal University of Beijing (Chine) (2005)**

Le suivi de l'environnement terrestre depuis l'espace.

Étudier le suivi de la fonte des glaces, effectuer des analyses des risques naturels comme les tremblements de terre ou les pollutions marines, étudier le littoral marin,... toutes les applications liées au suivi de l'environnement sont des sujets d'actualité en cette période où les changements environnementaux engendrent des bouleversements sociaux et économiques importants.

Si la télédétection radar polarimétrique et Interférométrique est une discipline peu connue, elle apporte des réponses particulièrement efficaces en offrant un avantage majeur sur toutes les autres techniques d'observation spatiale, puisqu'elle permet de s'affranchir des conditions d'illumination (jour/nuit) et des problèmes de météorologie (couverture nuageuse, pluie, brouillard, etc.).

Cette thématique de recherche est récente et en plein essor, puisque le satellite européen ENVISAT (ESA, Agence Spatiale Européenne) lancé en mars 2002 était le premier satellite à posséder à son bord un radar polarimétrique (ASAR). Il a été suivi par le satellite japonais ALOS-PALSAR (JAXA) lancé en janvier 2006, par le satellite allemand TerraSAR-X (AEDS, DLR, InfoTerra) lancé en juin 2007 et prochainement par le satellite canadien RadarSat-2 (CSA, MDA) qui sera lancé d'ici la fin de l'année.

Cette technique d'imagerie radar ouvre une nouvelle voie de recherche en télédétection pour de multiples applications : aménagement des ressources naturelles, détection d'objets enterrés, archéologie, cartographie des sols, estimation des paramètres physiques d'un environnement naturel tels que épaisseur des glaces, biomasse d'un couvert végétal, rugosité et taux d'humidité du sol, surveillance des risques naturels tel que tremblements de terre ou mouvement de glacier, etc.

Les travaux menés par l'équipe SAPHIR – SAR Polarimétrie Holographie Interférométrie Radargrammétrie- de l'IETR, créée en 1999 lors de mon arrivée à l'Université de Rennes 1, se sont également concrétisés par le développement du logiciel PolSARpro en collaboration avec l'ESA. L'objectif de ce projet consiste à développer un logiciel d'éducation offrant un outil d'enseignement dans le domaine de la polarimétrie radar ainsi qu'une collection d'outils de traitement et d'exploitation des images SAR polarimétriques et interférométriques issues des capteurs spatiaux. PolSARpro est en distribution gratuite à partir du site de l'ESA* et à ce jour, sept cents utilisateurs déclarés, provenant de soixante-deux pays différents, ont téléchargé et utilisent cet outil.

* http://earth.esa.int/polsarpro

« Le progrès en sciences provient toujours d'une combinaison de pensées décousues et de pensées rigoureuses… cette combinaison est notre outil le plus précieux. »
Gregory Bateson

Ronan Sauleau

35 ans – Électronicien, spécialisé dans les ondes et antennes

- **Maître de conférences ; à l'Université de Rennes 1 depuis 2000**
- **Doctorat de l'Université d'électro-communications de Tokyo et du National Institute of Information and Communications Technology Tokyo (Japon)**
- **Premier prix Bretagne jeune chercheur (2001)**
- **Membre junior à l'Institut universitaire de France (2007)**

Les antennes au service des applications sans fil.

Les travaux que je mène combinent des actions de recherche en amont et exploratoires et des actions de recherche appliquée dans deux grands domaines d'activités : d'une part les antennes et les ondes millimétriques (fréquences typiquement supérieures à 30 GHz), d'autre part les dispositifs texturés (périodiques ou non) et leurs applications circuits et antennes (matériaux à bande interdite électromagnétique et métamatériaux). Elles sont complétées par des activités portant

i) sur la modélisation électromagnétique incluant la résolution de problèmes d'analyse, d'optimisation et de synthèse électromagnétique en mettant à profit la complémentarité des formulations temporelles et fréquentielles, ainsi que des méthodes rigoureuses et approchées, et

ii) sur la mise en œuvre de technologies spécifiques (micro-technologies, matériaux commandables) et de leur nécessaire adaptation à la conception d'antennes innovantes et reconfigurables.

Les secteurs applicatifs concernés par ces travaux sont multiples. Ils concernent en particulier les systèmes de communications sans fil civil (grand public) et militaire à très haut débit (communications terrestres et spatiales), ainsi que les systèmes radar d'assistance et d'aide à la conduite automobile. De nombreux travaux sont menés en étroite coopération avec des industriels (PME, grands groupes) bretons ou non.

Mes activités de recherche sont aussi caractérisées par de très nombreuses collaborations internationales (Japon, Ukraine, Croatie, Portugal, Finlande) sous des formes variées.

Sciences du vivant, santé

Isabelle Arnal
Joël Boustie
Denis Chrétien
Nathalie Dejucq-Rainsford
Marc Denis
Marie-Thérèse Dimanche-Boitrel
Valérie Dupé
Régis Giet
Reynald Gillet
Emmanuel Giudice
Sophie Langouët-Prigent
Roland Le Borgne
Pascal Loyer
Raphaël Métivier
Grégoire Michaux
Isabelle Pellerin
Michaël Primig
Michel Samson
Karin Tarte

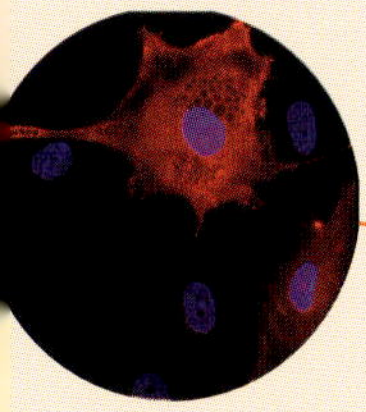

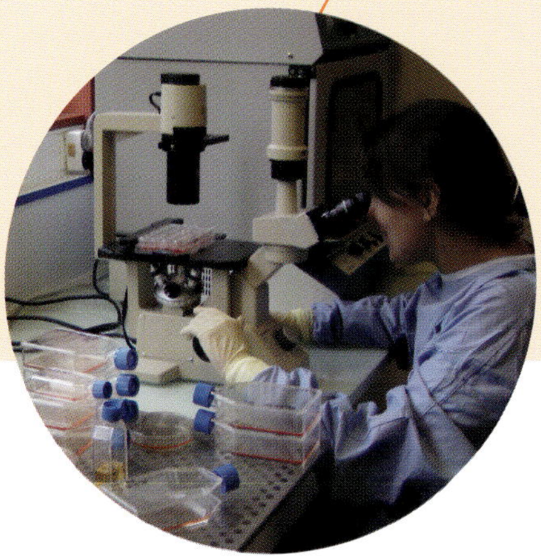

S'il est un secteur qui bouge c'est bien celui de la biologie et de la santé.

Au cours de ces dernières années dans le domaine du développement et de la génétique, des recrutements d'excellence ont littéralement « boostés » l'unité CNRS (Institut de génétique et du développement) de Villejean avec la venue de près d'une dizaine de chercheurs de haut niveau ; pour le percevoir il suffit de regarder les parcours de Roland Le Borgne, Grégoire Michaux ou Valérie Dupé.

Sur Beaulieu, dans l'unité CNRS (Interactions cellulaires et moléculaires), un rajeunissement des chercheurs a permis d'approfondir le travail sur la biologie cellulaire et la poursuite de recherche fondamentale sur le cancer. Là aussi, les parcours d'Isabelle Arnal, de Denis Chrétien ou encore de Raphaël Métivier sont des indicateurs de qualité !

Sur ce campus de Beaulieu dans l'unité Inserm, GERHM, de nouvelles thématiques portées par de jeunes chercheurs permettent de voir venir, avec sérénité, le renouvellement générationnel.

Et puis, fait marquant, deux personnes de très grande qualité sont venues à Rennes, traversant la France, pour créer de nouvelles équipes : Brice Felden, venu d'Alsace pour reconstruire la biochimie pharmaceutique en a fait, en 2006, une unité Inserm ; Karin Tarte, quant à elle, alliant l'enthousiasme de son Sud natal à la ténacité de sa Bretagne d'adoption, a, en 2007, mené son équipe à la reconnaissance Inserm. Dans les deux cas, Rennes-Métropole a accompagné matériellement ces équipes ; ces créations d'unités Inserm témoignent de la justesse de ces choix et du bien fondé des aides apportées !

Moins intégré que d'autres secteurs, le domaine « vie-santé », grâce à l'action fédératrice de l'IFR 140, devrait continuer et amplifier le travail inter-équipes qui s'est amorcé ces dernières années.

Les « coups de pouce » de Rennes-Métropole

10 allocations d'installation scientifique, 40 000 € chaque :

Isabelle Arnal (2 003)
Denis Bruniquel (2006)
Denis Chrétien (2001)
Marie-Thérèse Dimanche-Boitrel (2002)
Valérie Dupé 2007)
Reynald Gillet (2004)
Emmanuel Giudice (2006)
Roland Le Borgne (2006)
Raphaël Métivier (2004)
Karin Tarte (2 003)

Participation à des acquisitions d'équipements scientifiques :

Plate-forme Protéome (Charles Pineau) : 76 000 €
Station d'électrophorèse (Isabelle Pellerin) : 60 000 €
Cryo-microscope (Denis Chrétien) : 100 000 €
Cytomètre trieur de cellules (IFR 140, Michel Philippe) : 140 000 €
Analyseur de drosophyles (Régis Giet) : 60 000 €
Matériel d'électrophorèse (Michel Samson) : 40 000 €
Injecteur protégé (Étienne Garin) : 50 000 €
Machine à PCR, incubateur pour bacteries et rotor pour ultra centrifugeuse (Denis Bruniquel) : 40 000 €
Chromatographie à ultra-haute performance (Antoine Gravot) : 40 000 €
Analyseur infrarouge pour immunoempreintes (Marc Denis) : 70 000 €
Analyse du vers *Cænorhabditis elegans* (Grégoire Michaux) : 60 000 €
Appareil tissus à haut débit (IFR140, Patrick Prunier) : 42 000 €
Analyse ADN, ARN par puces microfluidiques (Michel Primig) : 50 000 €
Microscope (Grégoire Michaux) : 60 000 €
Trieur de cellules (Thierry Fest) : 75 000 €
Poste de Sécurité Microbiologique et lecteur de plaques (Karin Tarte) : 32 000 €

Aménagements de locaux :

UMR 6061 (Claude Prigent) : 100 000 € ;
Inserm U835 (Brice Felden) : 50 000 € ;
Inserm U917 (Karin Tarte) : 350 000 €
UMR 6026 (Daniel Boujard) : 80 000 €

« Si l'on considérait une théorie comme parfaite et si l'on cessait de la vérifier par l'expérience scientifique, elle deviendrait une doctrine. »

Claude Bernard

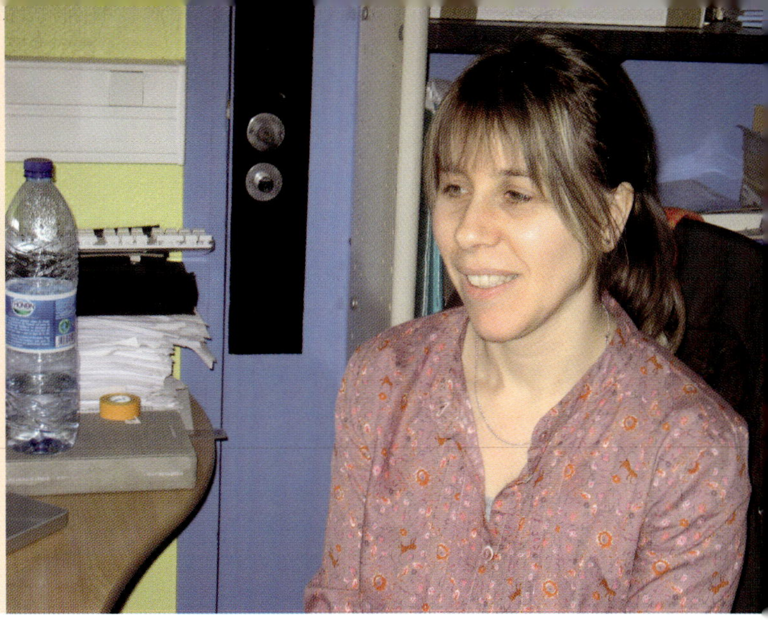

Isabelle Arnal

36 ans – Biologiste

- **Chargée de recherche au CNRS ; à l'Université de Rennes 1 depuis 2001**
- **Doctorat de l'Université de Grenoble à l'Institut de biologie structurale de Grenoble (CEA – CNRS) (1 998)**
- **Post-doctorat au Laboratoire Européen de Biologie Moléculaire (EMBL), Heidelberg (Allemagne) (1998-2001)**

Faire et défaire les microtubules.

La division des cellules est un processus fondamental du vivant puisqu'elle est nécessaire à la reproduction de tout organisme. Une machinerie complexe et éphémère permet aux cellules de se diviser : le fuseau mitotique qui est constitué d'un ensemble de fibres dynamiques, les microtubules. Au cours de la division d'une cellule, les microtubules interagissent par leurs extrémités avec les chromosomes et, en « tirant » dessus, contrôlent leur répartition égale dans les deux nouvelles cellules filles. De nombreuses protéines régulent la dynamique d'assemblage et de désassemblage des microtubules ainsi que leur organisation spatiale, permettent la formation correcte et le bon fonctionnement du fuseau mitotique. La dérégulation du mécanisme d'action de ces protéines peut entraîner des dysfonctionnements importants dans la cellule et conduire à des pathologies graves comme le cancer. Pour améliorer nos connaissances sur les processus à l'origine de ces pathologies, il apparaît donc nécessaire de mettre en évidence et d'analyser le mode d'action précis de telles protéines. De plus, ces protéines constituent des cibles potentielles de choix pour de futurs protocoles thérapeutiques anticancéreux, afin de contrôler, notamment, la prolifération cellulaire.

Je m'intéresse aux protéines qui régulent les propriétés dynamiques et structurales des microtubules. Au cours de ma thèse, j'ai utilisé la cryomicroscopie électronique afin de résoudre la structure en trois dimensions de microtubules en interaction avec des protéines motrices. Pendant mon stage post-doctoral en Allemagne, j'ai complété cette approche structurale par l'étude dynamique des microtubules grâce à l'utilisation de techniques permettant l'analyse de systèmes en temps réel (vidéo-microscopie optique). Depuis mon arrivée à Rennes en 2001, je combine ces deux approches, structurale et dynamique, afin de comprendre les mécanismes d'action des protéines de régulation de la dynamique d'assemblage et de désassemblage des microtubules, mécanismes essentiels à la vie de la cellule.

« La nature, c'est la pharmacie du Père Bon Dieu qui demeure une source extraordinaire de médicaments. »

Pierre Potier, pharmacien découvreur de médicaments majeurs et ancien directeur de l'ICSN à Gif sur Yvette.

Joël Boustie

44 ans – Pharmacien, spécialisé dans l'étude des produits naturels

- **Professeur des universités ; à l'Université de Rennes 1 depuis 1992**
- **Docteur de l'Université Paul-Sabatier, Toulouse (1985)**
- **Doctorat de l'Institut national polytechnique de Toulouse (1990)**
- **Prix de chimie Fernand Caujollle (1991)**

Des plantes aux lichens : la biodiversité comme source de médicaments.

Morphine, quinine, ciclosporine, anticancéreux issus de l'if, de la pervenche de Madagascar ou de la podophylle, antibiotiques produits par des micro-organismes... Tous ces produits si essentiels que l'on obtient toujours par extraction nous disent combien la nature est une pourvoyeuse de médicaments. Seulement... il faut les trouver !

Pierre Potier disait aussi que le travail du pharmacognoste s'apparente à la pêche à la ligne. Dans l'immensité de la nature et la variété des possibles, il faut avoir bien de la chance pour faire une bonne prise et trouver la molécule qui deviendra un médicament. Mais il faut avant tout, ajoutait-il « s'appliquer à être un bon pêcheur, c'est-à-dire celui qui connaît les bons coins, qui utilise les bons appâts et la bonne technique ». Aussi, dans les stratégies de recherche sur les plantes, il y aura grand bénéfice à étudier les espèces connues pour être des poisons car elles contiennent des substances pharmacologiquement très actives. Les usages en médecine traditionnelle nous donnent parfois de précieuses indications. De nos jours, l'automatisation permettant de réaliser des milliers des tests par jour sur des cibles de plus en plus nombreuses, le criblage à haut débit offre à la nature l'opportunité de faire valoir tout son potentiel de biodiversité. Les sources les plus variées seront le meilleur atout pour trouver des molécules singulières aux activités originales. Les organismes marins, les plantes de la canopée, les venins animaux, les micro-organismes... prennent alors un intérêt tout particulier qui est justifié par de nombreuses et récentes découvertes.

Considérant que les champignons étaient une source peu explorée de molécules originales, j'ai utilisé pour leur étude mes compétences de phytochimiste acquises sur les plantes. Cela m'a progressivement amené à m'intéresser aux lichens, encore moins étudiés, mais qui sont avant tout des champignons symbiotiques. Cela leur confère des qualités de résistance remarquables vis-à-vis de stress environnementaux tels que l'exposition extrême au soleil et ils produisent des composés uniques. Avec des collègues chimistes, nous avons formé en 2004 l'équipe « substances lichéniques et photoprotection ». Cette équipe, qui est la seule en France à travailler dans cet axe de recherche pour extraire ou synthétiser des produits lichéniques bioactifs attire de nouveaux chercheurs et nos produits intéressent l'industrie pharmaceutique et cosmétique.

« Le surnaturel baisse comme un lac qu'un canal épuise ; la science à tout moment recule les limites du merveilleux. »

Guy de Maupassant

Denis Chrétien

45 ans — Biologiste, spécialisé en biophysique et biologie structurale

- **Chargé de recherche CNRS ; à l'Université de Rennes 1 depuis 1999**
- **Doctorat de l'Université Joseph-Fourier, Grenoble 1 (1991)**
- **Post-doctorat (1991-1996), puis chercheur au Laboratoire Européen de Biologie Moléculaire (EMBL), Heidelberg (Allemagne) (1996-1998)**
- **Chargé de recherche à l'Université de Tours (1998-1999)**
- **Prix Pierre Favard décerné par la Société française de microscopie électronique (1991)**
- **Boursier de l'Organisation Européenne de Biologie Moléculaire (EMBO, 1991-1993)**
- **Prix Ernst Ruska décerné par la Société française des microscopies (1996)**

Un regard glacial sur le squelette de nos cellules.

Les cellules de notre organisme ne sont pas de simples sacs remplis de liquide où surnagent par milliers les molécules biologiques, mais présentent au contraire une organisation interne très élaborée. Ainsi, on y trouve un compartiment central qui contient notre matériel génétique (le noyau), des unités de production des protéines (appareil de Golgi, réticulum endoplasmique), d'autres tournées vers la production d'énergie indispensable à la vie (mitochondries), ou encore des vésicules chargées de transporter diverses molécules entre ces compartiments intracellulaires ou vers l'extérieur de la cellule.

Par analogie avec notre organisme, les cellules possèdent leur propre squelette formé de fibres qui assurent des fonctions essentielles : maintien de la forme de la cellule, appareils de locomotion, ou encore autoroutes cellulaires permettant le déplacement des vésicules à l'aide de moteurs moléculaires marchant littéralement sur ces fibres. Parmi celles-ci, les microtubules jouent un rôle fondamental dans la vie des cellules puisqu'ils permettent notamment la séparation de notre matériel génétique lors de leur division. Ces « microtubes » présentent un diamètre de 25 nm (1 nm = 1/1000.000^{e} de mm) et ne peuvent être observés qu'au moyen de méthodes sophistiquées d'imagerie comme la microscopie électronique à transmission. Bien que les microtubules possèdent une rigidité extrêmement importante (de l'ordre de celle du plexiglas !), ces structures sont capables de s'assembler ou de se désassembler en quelques secondes, un comportement indispensable à leurs fonctions dans la cellule, mais dont les origines restent encore énigmatiques.

Avec mon équipe nous nous attachons à décrypter ce comportement à l'aide d'outils très élaborés comme la vidéo-microscopie photonique ou la cryo-microscopie électronique. Cette dernière méthode permet de congeler en quelques millisecondes les microtubules à des températures extrêmes (-180 °C) dans le but de « capturer » divers états associés à leur comportement dynamique. Ils sont ensuite observés à très fort grossissement (de l'ordre de 30 000 fois) par microscopie électronique. L'instrumentation nécessaire à la réalisation de nos travaux est extrêmement onéreuse, mais c'est le prix à payer pour pouvoir espérer comprendre le fonctionnement du vivant.

« Chaque fois que nous nous entendrons dire: de deux choses l'une, empressons-nous de penser que de deux choses, c'est vraisemblablement une troisième. »

Jean Rostand

Nathalie Dejucq-Rainsford

38 ans – Biologiste, spécialisée en virologie et reproduction

- **Chargée de recherche Inserm; à l' Université de Rennes 1 depuis 2000**
- **Doctorat de l'Université de Rennes 1 (1996)**
- **Post-doctorat à l'University College London, Londres (Grande-Bretagne), division of infection and immunity (1997-1999)**
- **Lauréate Prix Bretagne jeune chercheur (1999)**

Les organes génitaux masculins: un abri pour le VIH?

Trois raisons justifient les recherches actuellement menées par le Dr Nathalie Dejucq-Rainsford au sein du laboratoire Inserm U625:

1) Près de 40 millions de personnes sont infectés par le VIH à travers le monde, majoritairement par voie sexuelle. Alors que le sperme représente le principal vecteur responsable de la dissémination du virus, paradoxalement, l'origine du virus dans ce fluide demeure inconnue. 2) Le tractus génital humain constitue un sanctuaire viral (c'est-à-dire un site anatomique où la réplication du virus persiste en dépit des traitements antirétroviraux), le virus étant retrouvé dans le sperme d'hommes traités alors qu'il n'est plus détectable dans le sang. Connaître les sites servant de sanctuaire pour le VIH est crucial pour améliorer l'efficacité des thérapies actuelles. 3) Un nombre croissant d'hommes VIH + demandeur de procréation médicalement assistée souffrent d'anomalies des paramètres spermatiques dont la cause est inconnue.

Dans ce contexte, il est nécessaire de déterminer la nature des cellules et organes infectés susceptibles de contaminer le sperme et d'induire des dysfonctionnements de la fonction de reproduction chez l'homme. Cet aspect a été en effet peu étudié à ce jour en raison de la difficulté d'accès aux organes reproducteurs d'hommes VIH +.

Notre groupe est l'un des seuls au monde à étudier et cultiver des organes du tractus uro-génital humain, en particulier des testicules, et l'un des rares à avoir accès, grâce à une collaboration avec le CEA, au tractus génital de macaques infectés par le VIS, l'équivalent simien du VIH. Nous avons montré que le testicule humain est infecté par le VIH *in vitro* et confirmé ce résultat *in vivo* chez le macaque. Nous avons également mis en évidence l'infection de l'ensemble des organes génitaux, et ceci de façon très précoce, dès les premiers jours qui suivent l'infection. Nous recherchons à présent si un ou plusieurs des organes génitaux infectés constitue un sanctuaire viral, permettant d'expliquer la persistance du virus dans le sperme en dépit des traitements.

« Des chercheurs qui cherchent, on en trouve, des chercheurs qui trouvent, on en cherche. »
Charles de Gaulle

Marc Denis

46 ans – Biologiste, spécialisé en biochimie et biologie moléculaire

- **Professeur des universités ; à l'Université de Rennes 1 depuis 2005**
- **Praticien hospitalier au CHU de Rennes depuis 2005**
- **Doctorat de l'Université de Nantes (1989)**
- **Doctorat ès sciences médicales de l'Université de Stockholm (Suède) (1989)**
- **Séjour scientifique à l'étranger : Institut Karolinska de Stockholm (Suède) (1986-1988)**
- **Chargé de recherche CNRS à Nantes (1989-1994)**
- **Maître de conférences à l'Université de Nantes (1994-2005)**
- **Prix scientifique de la société Prolabo (1989)**
- **Prix d'endocrinologie de la fondation pour la recherche médicale (1991)**
- **Prix de recherche clinique Eurocancer (1997)**

Nouveaux espoirs pour le traitement des cancers du rein.

Les cancers du rein représentent plus de 8000 nouveaux cas par an en France et sont responsables de 3600 décès annuels. Les Cancers du Rein à Cellules Claires (CRCC) représentent 75 % de l'ensemble des tumeurs du rein et sont situés au 10e rang des tumeurs malignes chez l'homme. Son incidence augmente régulièrement d'environ 3 % par an depuis les années soixante-dix. La mortalité est élevée puisque 40 % des patients décèdent de leur tumeur dans les cinq ans qui suivent le diagnostic. Les possibilités thérapeutiques sont restreintes : la chimiothérapie et la radiothérapie sont inefficaces. Mais de nouveaux médicaments ont été très récemment introduits dans l'arsenal thérapeutique (Sutent, Nexavar). Ces molécules ont reçu leur autorisation de mise sur le marché en Europe en avril 2006.

Nous nous intéressons à la biologie des cellules cancéreuses et des cellules endothéliales (vaisseaux sanguins) retrouvées au sein des CRCC, et au rôle de molécules pouvant agir sur ces différents types cellulaires. Un enjeu majeur est de pouvoir identifier des marqueurs moléculaires prédictifs de la progression tumorale, des marqueurs d'évaluation de la réponse thérapeutique, des marqueurs de réponse ou de résistance à ces nouveaux traitements. Ces travaux reposent en grande partie sur des prélèvements humains (tumeur, rein normal, sang) collectés au centre de ressources biologiques du CHU de Rennes depuis 2002. Des cultures de cellules cancéreuses et de cellules endothéliales sont également utilisées pour tester l'effet de ces différents médicaments.

Nos projets font appel aux compétences des différents membres de l'équipe : urologue-cancérologue, néphrologue, anatomo-pathologiste, biologistes moléculaires. Ces travaux sont développés dans le cadre du Cancéropôle Grand-Ouest et du Programme National d'Expertise Spécialisé sur les cancers du rein de l'Institut national du cancer (PNES-Rein).

« Fais de ta vie un rêve, et d'un rêve une réalité. »

Antoine de Saint-Exupéry

Marie-Thérèse Dimanche-Boitrel

47 ans — Biologiste, spécialisée en immunologie

- **Directrice de recherche Inserm; à l'Université de Rennes 1 depuis 2001**
- **Doctorat de l'Université Pierre et Marie Curie, Paris VI (1989)**
- **Post-doctorat dans le département des sciences biologiques de l'Université de Stanford Californie (États-Unis) (1993-1994)**
- **Séjour scientifique à l'étranger: Duisburg-Essen (Allemagne) (2004)**
- **Chargée de recherche Inserm à l'Université de Bourgogne (1992-2001)**
- **Prix des dix meilleures conférences au 7 th World Congress on Advances in Oncology and 5 th International Symposium on Molecular Medicine, Hersonissos, Crète (2002)**

Comment cibler la mort des cellules cancéreuses?

Le cancer est devenu tout récemment la première cause de mortalité en France. Les tumeurs solides (colon, foie, poumon...) sont le plus souvent résistantes aux thérapies anticancéreuses classiques (chimiothérapie, radiothérapie). La recherche de moyens thérapeutiques ciblant les cellules cancéreuses fait l'objet de nombreuses études avec le développement de nouveaux médicaments (anti-angiogéniques et anticorps monoclonaux). Dans ce contexte, TRAIL (TNF-Related Apoptosis Inducing Ligand), une nouvelle cytokine de la famille du TNF (Tumor necrosis Factor), a été découverte en 1995. Comme son nom l'indique TRAIL est une arme mortelle pour les cellules cancéreuses. En effet, TRAIL induit la mort de nombreuses cellules tumorales sans avoir d'effets néfastes dans les cellules saines. TRAIL est considéré aujourd'hui comme un agent anticancéreux potentiel et des essais cliniques de phase I sont en cours chez les patients porteurs de tumeurs solides (poumon, colon). Différents processus de mort peuvent être induits dans les cellules tumorales par TRAIL (apoptose ou nécrose).

Mon travail de recherche consiste à caractériser les mécanismes moléculaires responsables de ces processus de mort afin de mettre en évidence sur le plan fondamental de nouvelles cibles thérapeutiques et sur le plan médical d'améliorer les traitements anticancéreux basés sur l'utilisation de TRAIL. À cette fin, en collaboration avec des chercheurs de l'Agrocampus Inra de Rennes, nous travaillons sur le développement d'un nouveau médicament basé sur l'expression de TRAIL et rêvons de guérir les cancers les plus résistants.

« Pour voir loin, il faut y regarder de près. »

Pierre Dac

Valérie Dupé

36 ans — Biologiste, spécialisée en biologie du développement des vertébrés

- **Chargée de recherche Inserm; à l'Université de Rennes 1 depuis 2006**
- **Doctorat de l'Université Louis-Pasteur, Strasbourg (1 998)**
- **Post-doctorat au King's College University of London (Grande-Bretagne) (1 998-2000)**
- **Chargée de recherche Inserm, Université de Strasbourg (2001-2006)**

Quand il y a des gènes, il y a du plaisir !

Nous sommes au début des années quatre-vingt-dix, le grand projet de séquençage du génome humain est en route. Que faire de la somme colossale de données engrangées ? En précurseur, l'Institut de génétique moléculaire et cellulaire de Strasbourg ouvre la voie, et lance un grand programme de production de souris transgéniques pour exploiter ces résultats.

Pourquoi la souris ? Leurs gènes, comparables à ceux de l'être humain, offrent un modèle de recherche idéal. Un véritable tournant dans la recherche médicale, que peu de chercheurs sont aptes à prendre, faute de formation adaptée. J'entreprends alors de me former à l'analyse des pathologies de ces animaux – une gageure dans mon cursus de biologiste moléculaire.

Profession : détective

Souvent, l'inactivation d'un gène chez la souris provoque des pathologies du développement. C'est alors un vrai travail de détective qui commence ; il s'agit d'observer l'ensemble des tissus de l'animal pour trouver l'anomalie qui conduit à la pathologie. Progressivement, les techniques d'investigation évoluent : hybridation *in situ*, immunologie, imagerie haute technologie... pour explorer les conséquences moléculaires des modifications génétiques. Rapidement, la souris devient l'un des modèles le plus puissant de la découverte scientifique et participe à la compréhension des maladies humaines.

La chasse au cyclope

Depuis que j'ai rejoint l'Université de Rennes 1 dans le groupe du Pr. David et du Pr. Pellerin qui étudie les pathologies liées au développement embryonnaire, j'ai recours à l'expérimentation animale pour étudier ces maladies. Cette équipe représente aujourd'hui un centre de référence international pour plusieurs syndromes malformatifs du cerveau et du système uro-génital humain. Des pathologies qui sont liées à un disfonctionnement génétique au cours du développement embryonnaire.

Aujourd'hui, ma tâche consiste à comprendre la fonction des gènes altérés lors d'une malformation humaine du cerveau, l'holoprosencéphalie (communément appelée cyclopie). Une tâche aussi enthousiasmante qu'importante, qui permettra d'améliorer le diagnostic de cette pathologie.

« Choisissez un travail que vous aimez et vous n'aurez pas à travailler un seul jour de votre vie. »

Confucius

Régis Giet

36 ans – Biologiste

- **Chargé de recherche CNRS ; à l'Université de Rennes 1 depuis 2002**
- **Doctorat de l'Université de Rennes1 (1999)**
- **Post-doctorat à l'Université de Cambridge (Grande-Bretagne) au département de génétique (1999-2002)**
- **Équipe labellisée Ligue nationale contre le cancer**

Mécanisme de la division cellulaire.

Un organisme provient d'une seule cellule initiale. Des milliers de divisions successives donneront naissance à un individu adulte. Les cellules qui composent les êtres vivants sont très variées et très spécialisées (sang, peau, muscles, etc.).

La régulation de la division des cellules est un mécanisme très complexe que nous essayons de comprendre au laboratoire.

Il existe des cas où les divisions cellulaires se dérèglent : les cellules se multiplient de façon anarchique. Ces divisions anormales sont observées dans les tumeurs ou des cancers.

Notre travail consiste à identifier des facteurs (gènes) qui conduisent à des dérèglements des divisions cellulaires. Nous disposons de plusieurs techniques qui permettent d'inhiber ou d'activer ces facteurs et nous en évaluons les effets directement sur des cellules cultivées *in vitro* ou dans des organismes modèles *in vivo*.

L'identification de ces facteurs essentiels nous permet d'élucider certains des mécanismes de la division cellulaire. Dans un second temps, les facteurs identifiés pourront servir à générer des médicaments ou des outils de diagnostic dans le domaine de la lutte contre le cancer.

« Il meurt lentement, celui qui ne voyage pas, celui qui ne lit pas, celui qui n'écoute pas de musique, celui qui ne sait pas trouver grâce à ses yeux. »

Pablo Neruda

Reynald Gillet

36 ans — Pharmacien-biologiste, spécialisé en biochimie

- **Maître de conférences ; à l'Université de Rennes 1 depuis 2003**
- **Doctorat de l'Université de Reims (1999)**
- **Chercheur associé au Medical Research Council de Cambridge (Grande-Bretagne) (2001-2003)**

Le livre de vie.

Je travaille depuis de nombreuses années sur la biologie du ribosome. Ce terme désigne la machine qui, au sein de chaque cellule, permet de décoder un message génétique pour fabriquer les protéines nécessaires à la vie.

Voici une très belle image : cela me fait penser à une bonne vieille et lourde machine à écrire Remington sur laquelle, à chaque fois que l'on tape sur une touche, tout un mécanisme se met en branle, actionne plusieurs ressorts et crache une lettre sur le papier. Cette lettre, assemblée à une autre, finit par former une phrase, qui elle-même finira par donner naissance à un « livre ».

Ainsi est fait le ribosome : à chaque fois qu'il reçoit un message, il actionne de nombreux ressorts biologiques, s'active à une vitesse incroyable et assemble des lettres, les acides aminés, qui mis bout à bout, finissent par donner naissance à des protéines. Ces protéines sont indispensables à la survie d'un organisme, quel qu'il soit, depuis le plus gaillard des êtres humains jusqu'à la plus petite des bactéries monocellulaires. Toute l'astuce de mon travail consiste à provoquer des erreurs de lecture des ribosomes de microbes responsables de maladies infectieuses. En produisant des protéines erronées le microbe se retrouve très vite en difficulté, et meurt faute de ne pouvoir lire correctement son livre de vie.

C'est tout le principe des nombreux antibiotiques ciblant les ribosomes des bactéries. La difficulté dans ce type d'études, est d'être capable de cibler spécifiquement les ribosomes des micro-organismes tout en préservant ceux du malade. C'est pourquoi sont effectuées des études très poussées de la structure des ribosomes à l'échelle moléculaire, ceci afin de mieux comprendre ce qui différencie les deux types d'assemblages. "Lire le livre de vie" me fascine toujours.

« L'esprit est un produit de l'organisation du cerveau tout comme la vie est un produit de l'organisation des molécules.
François Jacob

Emmanuel Giudice

31 ans — Chimiste,
spécialisé en modélisation moléculaire et en bioinformatique

- **Maître de conférences ; à l'Université de Rennes 1 depuis 2005**
- **Doctorat de l'Université de Paris VI - Pierre et Marie Curie (2002)**
- **Post-doctorat au département de physiologie et de biophysique moléculaires de l'hôpital du Mont Sinai, New-York (États-Unis) (2003-2005)**

Déchiffrer le mode d'emploi des machines moléculaires du vivant.

Le terme protéine vient du grec ancien *prôtos* qui signifie « premier, essentiel ». Ces petites molécules constituent en effet les rouages élémentaires à la base de toute la machinerie du vivant.

Particulièrement flexibles, elles sont, comme le dieu grec Protée dont elles rappellent le nom, capable de changer de forme pour interagir avec leur environnement et assumer ainsi de multiples fonctions.

En s'associant les unes aux autres, les protéines sont également capables de former des assemblages macromoléculaires, véritables petites machines qui sont à l'origine d'un grand nombre de processus biologiques.

On peut donc se représenter chaque cellule de notre corps comme un ensemble de machines moléculaires composées de protéines fonctionnant en interaction, mais dont il nous reste encore à découvrir les mécanismes.

Malheureusement pour nous, les protéines appartiennent à la famille des nanoparticules et leur taille caractéristique : le nanomètre, est un million de fois plus petit que le millimètre ce qui les rend particulièrement difficiles à observer.

Seule une approche multidisciplinaire intégrant expérimentation et simulation numérique peut nous permettre d'étudier comment ces molécules bougent, s'associent et agissent.

A la croisée de l'informatique, de la chimie et de la biologie nous tentons donc, au sein de l'équipe a laquelle j'appartiens, de mieux comprendre comment se forment et comment fonctionnent les assemblages protéiques, de façon à pouvoir un jour comprendre comment fonctionnent nos cellules.

« *Dans la vie, rien n'est à craindre, tout est à comprendre.* »

Marie Curie

Sophie Langouët-Prigent

40 ans – Biochimiste, spécialisée en toxicologie cellulaire et moléculaire

- **Chargée de recherche Inserm ; à l'Université de Rennes 1 depuis 2000.**
- **Doctorat européen de l'Université de Paris V (1995)**
- **Post-doctorat à l'Université de Vanderbilt, Nashville, (États-Unis) (1996-1997)**
- **Séjour scientifique à l'étranger : Londres (1994-1995)**
- **Prix Bretagne jeune chercheur, discipline des sciences biologiques et médicales (1996)**
- **Prix de la Société française de toxicologie (2000)**

Influence de la réparation de l'ADN dans le développement du cancer et dans l'efficacité des traitements anticancéreux.

De nombreuses substances chimiques ne peuvent pas être éliminées de l'organisme telles quelles et doivent être au préalable métabolisées. Cette transformation se fait majoritairement au niveau du foie et comporte trois principales étapes. Tout d'abord une activation qui est généralement une oxydation puis une inactivation par conjugaison à un ligand endogène et une excrétion qui peut nécessiter l'intervention d'une protéine de transport membranaire. Dans certains cas, l'activation oxydative conduit à la formation de métabolites toxiques et/ou d'espèces activées de l'oxygène qui peuvent se fixer de façon covalente à l'ADN. Cette fixation au niveau de l'ADN forme des adduits à l'ADN qui sont à l'origine de lésions génétiques. En effet ces adduits à l'ADN entraînent des mauvais appariements des bases de l'ADN et seront responsables de mutations. Ils peuvent cependant être éliminés grâce à différents systèmes de réparation parmi lesquels on trouve la réparation par excision de nucléotides. Ce mécanisme est complexe et fait intervenir une trentaine de protéines qui répare spécifiquement les adduits à l'ADN volumineux qui sont essentiellement formés par les carcinogènes chimiques présents dans notre environnement et notre alimentation, les ultraviolets et de certains agents chimiothérapeutiques.

Les activités de biotransformation des xénobiotiques et de réparation de l'ADN lésé sont variables d'un individu à l'autre ; elles peuvent être modulées par des facteurs génétiques, physiopathologiques et environnementaux. Ces variations pourraient expliquer des différences de susceptibilité à développer certaines pathologies, notamment des cancers.

Ce processus de réparation de l'ADN lorsqu'il est exacerbé pourrait de plus être à l'origine de la non efficacité de certains traitements anticancéreux.

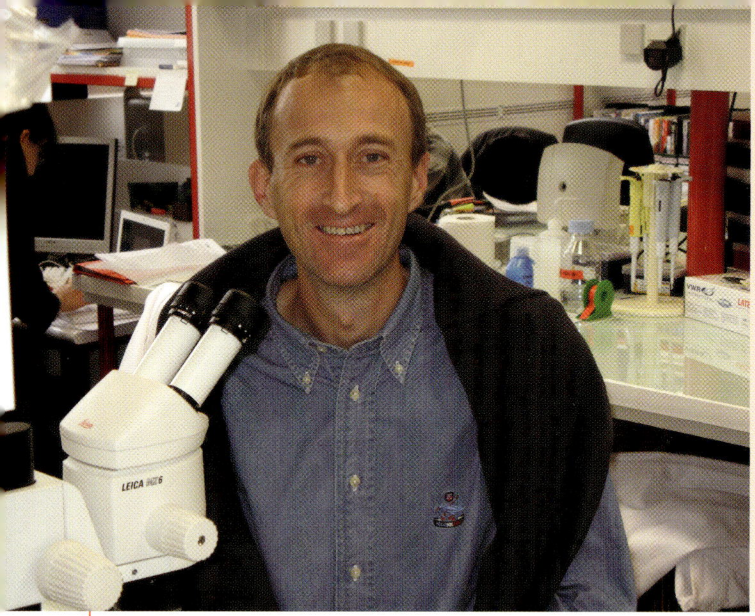

« La théorie, c'est quand on sait tout et que rien ne fonctionne. La pratique, c'est quand tout fonctionne et que personne ne sait pourquoi. »

Albert Einstein

Roland Le Borgne

38 ans — Biologiste cellulaire, spécialisé en génétique du développement

- **Chargé de recherche CNRS ; à l'Université de Rennes 1 depuis 2006**
- **Doctorat du Laboratoire Européen de Biologie Moléculaire (EMBL), Heidelberg (Allemagne) (1995)**
- **Post-doctorat : Institut Pasteur de Lille (1996) ; École normale supérieure, Paris (1997)**
- **Médaille de bronze du CNRS (2003)**

Quand la recherche fait mouche

L'une des questions fondamentales en biologie est de comprendre comment, à partir d'une cellule résultant de la fusion de deux gamètes, se constitue un embryon. Autrement dit, comment les cellules issues de cette cellule œuf vont se différencier et assurer des fonctions spécifiques chez les eucaryotes.

Les recherches menées au sein de mon équipe visent à élucider les mécanismes moléculaires et cellulaires de l'acquisition de l'identité cellulaire en utilisant la drosophile comme organisme modèle. En particulier à comprendre comment la voie de signalisation Notch, une voie de communication entre cellules, régule ces décisions au cours du développement normal et pathologique. La voie de signalisation Notch a été découverte d'abord chez la drosophile. Elle est impliquée dans le contrôle de la détermination, de la prolifération et de la mort cellulaire. Cette voie de signalisation est très conservée sur le plan phylogénétique.

Chez l'homme, sa dérégulation est associée à diverses pathologies en particulier tumorales, telles les leucémies et tumeurs mammaires. Les travaux engagés ont contribué à montrer que l'activation du récepteur Notch est régulée positivement par l'endocytose de son ligand transmembranaire Delta. Maintenant il faut comprendre comment cet événement de transport vésiculaire permet d'activer Delta et autorise ainsi la communication intercellulaire. Il s'agit de combiner les puissants outils génétiques de la drosophile à des méthodologies de pointe de la biologie cellulaire pour résoudre ces questions. Et ainsi de démontrer que le transport intracellulaire exerce un rôle fondamental dans la régulation spatio-temporelle de la voie de signalisation Notch au cours du développement.

La compréhension des mécanismes de régulation de la voie Notch chez la drosophile devrait permettre de comprendre les dysfonctionnements de cette même voie chez l'homme et pourrait s'avérer pertinente sur le plan médical.

« *Ceux qui ont une foi excessive dans leurs idées ne sont pas bien armés pour faire des découvertes.* »
Claude Bernard

Pascal Loyer

42 ans – Biologiste, spécialisé en hépatologie

- **Chargé de recherche Inserm ; à l'Université de Rennes 1 depuis 1996**
- **Doctorat de l'Université de Rennes 1 (1993)**
- **Post-doctorat au "Tumor Cell Biology Department", St Jude Research Hospital, Memphis, (États-unis) (1994-1996)**
- **Prix Drieux-Chollet de l'Académie nationale de médecine (1994)**

Survie et division des cellules du foie.

Le foie est un organe vital car il remplit une multitude de fonctions métaboliques cruciales. Divers stress comme les intoxications médicamenteuses, les infections virales ou l'ablation partielle, associés au blocage du flux sanguin hépatique (un geste chirurgical nécessaire lors des interventions chez l'homme), perturbent profondément le fonctionnement du foie et engendrent parfois des lésions tissulaires. Ces « agressions » génèrent deux réponses dans le foie : la mise en place de mécanismes de défense visant à limiter la mort cellulaire (mécanismes de résistance) et l'initiation de la division cellulaire permettant de reconstituer la masse hépatique si une partie de l'organe a été lésée. Dans certaines pathologies (les hépatites fulminantes), la mort cellulaire l'emporte très largement, plaçant le patient en situation d'insuffisance hépatique et engageant le pronostic vital. Plus généralement, la mort d'une partie des cellules du foie est immédiatement suivie d'un signal « vital » qui commande la division des cellules survivantes pour compenser la perte tissulaire. Ce phénomène de régénération du foie est spectaculaire : le modèle expérimental le plus classique est l'hépatectomie de 70% chez le rat ou la souris qui est totalement compensée en cinq à sept jours permettant au foie de retrouver très précisément son poids initial et sa fonctionnalité.

L'étude des mécanismes de défense contre la mort cellulaire et d'initiation de la régénération constitue le cadre général du travail de recherche que je mène ; plus particulièrement, il s'agit de comprendre les rôles de deux familles de protéines, les protéines CDK et GST, respectivement dans le contrôle de la division cellulaire et dans la capacité de résistance aux signaux induisant la mort cellulaire.

Les enjeux de cette recherche sont de deux ordres : 1) sur le plan fondamental, nous contribuons à comprendre le rôle des gènes et protéines impliqués dans ces processus, 2) d'un point de vue appliqué, nous cherchons à identifier de nouvelles cibles thérapeutiques et à proposer de nouveaux protocoles cliniques permettant de favoriser la régénération hépatique du foie sain ou de limiter la prolifération de cellules cancéreuses. Notre groupe a également développé et caractérisé plusieurs modèles originaux de culture *in vitro* de cellules de foie humain ou murin qui permettent de « mimer » de manière très fidèle la division cellulaire *in vivo*, d'étudier dans un système expérimental plus simple les processus de résistance à la mort cellulaire et de tester de nouvelles molécules d'intérêt pharmacologique.

« La meilleure façon de ne pas avancer est de suivre une idée fixe. »

Jacques Prévert

Raphaël Métivier

32 ans — Biologiste,
spécialisé en biologie moléculaire
et régulation de la transcription

- **Chargé de recherche CNRS ; à l'Université de Rennes 1 depuis 2004**
- **Doctorat de l'Université de Rennes 1 (2001)**
- **Post-doctorat au Laboratoire Européen de Biologie Moléculaire (EMBL) Heidelberg, (Allemagne) (2001-2004)**
- **Médaille de bronze du CNRS (2006)**

Lost in Transcription? Demandez le guide...

Nous possédons en notre sein un patrimoine d'environ 35 000 gènes, hérité de nos parents et porté par l'ADN. De cet ADN qui nous est propre, est issu un organisme complexe, dont les multiples tissus et cellules possèdent des particularités uniques : une rétine n'est pas un foie. Cette spécialisation de nos 10 000 milliards de cellules est due à l'expression, ou transcription, d'un sous-ensemble de nos gènes au sein de chaque type cellulaire. La transcription de l'ADN fait intervenir de nombreuses protéines, dont certaines permettent à une cellule d'adapter son comportement de manière appropriée à un stimulus, qu'il soit électrique dans le cas d'un neurone, ou bien hormonal (hormones de croissance, œstrogènes, androgènes,...) dans le cas de cellules d'ovaires, de la prostate, ou du sein par exemple. La transcription des gènes est de ce fait un processus dont le contrôle est essentiel pour le fonctionnement des êtres vivants, et dont le dérèglement est à l'origine de certains cancers comme celui du sein.

Comprendre les mécanismes de contrôle de la transcription est donc une question cruciale, à laquelle je me suis attaché, montrant que les processus de régulations initiés par le récepteur des œstrogènes au sein de cellules de la glande mammaire sont des processus cycliques. Depuis mon intégration au CNRS, je m'intéresse à décrire plus précisément le ballet complexe des protéines impliquées dans la régulation de la transcription et ceci, à la fois dans le temps et dans l'espace. En effet, la transcription se déroule dans l'espace très restreint du noyau cellulaire (10-20 µm de diamètre) au sein duquel 2 mètres d'ADN sont pelotonnés. Les protéines impliquées dans la régulation de la transcription doivent donc, pour parvenir à l'ADN, s'abroger de la contrainte physique apportée par cette compaction. Dans le groupe « SPAtio-temporal Regulation of Transcription in Eukaryotes » (SPARTE), j'allie mes compétences avec d'autres équipes européennes et internationales afin de comprendre les mouvements de protéines et d'ADN au sein de l'espace nucléaire et de découvrir les mécanismes déterminant leur finalité : l'établissement et l'adaptation d'un profil d'expression du génome spécifique à une cellule.

« Les orties poussent peut-être plus vite que les séquoias, mais les séquoias vont beaucoup plus haut. »
L'Ancien

Grégoire Michaux

36 ans – Biologiste, spécialisé en biologie du développement

- **Chargé de recherche CNRS ; à l'Université de Rennes 1 depuis 2006**
- **École normale supérieure de Paris**
- **Doctorat de l'Université de Strasbourg, (IGBMC) (2001)**
- **Post-doctorat au Laboratory for Molecular Cell Biology, Londres (Grande-Bretagne) (2002-2006)**

L'élégance d'un vers à la croisée des chemins.

Le projet de notre équipe de recherche est de caractériser les chemins, ou routes, empruntés par les protéines à l'intérieur de la cellule : une thématique connue sous le nom de trafic intracellulaire. En effet, après leur production, certaines protéines, qu'on appelle cargos, doivent rejoindre un lieu d'action précis à l'intérieur de la cellule, ou même être sécrétées par celle-ci, en empruntant des vésicules membranaires tenant lieu de transporteurs. Nous nous intéressons en particulier à un complexe protéique appelé AP-1 qui intervient dans la formation des vésicules transporteuses et dans le choix de la route que cette vésicule doit suivre. C'est ainsi qu'AP-1 joue un rôle dans l'adressage de la protéine cargo EGFR; la fonction d'EGFR est de recevoir des signaux de l'extérieur et elle doit donc être envoyée à la membrane périphérique de la cellule.

Nous avons choisi d'étudier cette problématique dans un organisme modèle pour la génétique et la biologie du développement, le petit vers Cænorhabditis elegans. Cela nous permet de réaliser nos études dans le contexte d'un organisme en développement; nous pouvons donc non seulement étudier le rôle du trafic intracellulaire au sein d'une cellule, mais aussi son impact physiologique dans un organisme entier. En effet, l'absence du complexe AP-1 induit une létalité au cours du développement embryonnaire. Par ailleurs, un défaut d'adressage du cargo EGFR à la membrane périphérique induit de graves défauts au cours du développement tardif du vers. Dans la cellule comme dans la vie courante, il faut avoir un bon véhicule, et savoir emprunter les bonnes routes...

« Je ne crois pas au mystère, ce serait trop simple. »

Jean Rostand

Isabelle Pellerin

42 ans — Biologiste, spécialisée en biologie du développement et en génétique

- **Professeur des universités ; à l'Université Rennes 1 depuis 2000**
- **Doctorat de l'Université de Besançon (Franche-Comté) (1992)**

Les mystères de la division cellulaire.

Depuis toujours la seule question qui me soit apparue comme fondamentale est la question de notre origine. Évidemment, ce n'est pas uniquement une interrogation de biologiste et elle peut se décliner sous des formes variées dans de nombreuses disciplines allant de la chimie à la paléontologie en passant par la philosophie.

Je me suis toujours émerveillée de ce formidable processus qui permet à une cellule unique, l'œuf fécondé, de donner une telle diversité cellulaire et une organisation aussi complexe et variée d'organes aboutissant à un individu unique. Mon objectif de recherche consiste à étudier les mécanismes cellulaires et moléculaires permettant la formation des organismes.

Mon travail vise à comprendre les mécanismes fondamentaux du développement des embryons mais également les mécanismes pathologiques pouvant survenir au cours de l'embryogenèse et pouvant générer des maladies malformatives.

De manière plus spécifique, avec mon équipe nous nous intéressons au développement normal et pathologique du tractus génital féminin. En effet, de nombreuses stérilités féminines proviennent d'une malformation de l'appareil génital initiée pendant la vie intra-utérine du fœtus. Dans un premier temps, nous avons montré que ces malformations ont des causes génétiques et des gènes impliqués dans ces pathologies ont été identifiés. Au-delà de ce travail, il faut comprendre comment ces gènes fonctionnent au cours de l'embryogenèse pour façonner nos organes. Deux gènes clés du développement sont actuellement à l'étude au laboratoire. Leur implication dans le développement des organismes est testée à l'aide du modèle xénope (un crapaud africain particulièrement adapté à ces travaux). En effet en perturbant ces gènes dans les embryons, ceux-ci ne se développent pas correctement.

La compréhension du mécanisme par lequel les gènes du développement contrôlent l'embryogenèse est en enjeu fondamental pour l'avenir. Non seulement, l'étude de ces gènes permettra de comprendre les syndromes malformatifs humains mais elle permettra également de mieux comprendre bon nombre de dérèglements pathologiques de l'adulte. En effet, le dérèglement de ces gènes chez l'adulte entraîne presque immanquablement des processus cancéreux par la reprise de divisions cellulaires anarchiques.

« La caractéristique unique, universelle et essentielle des êtres vivants est la possibilité de conserver la structure chimique au sein de laquelle est écrit le code génétique. »
Jacques Monod

Michaël Primig

43 ans — Biologiste moléculaire, spécialisé en biologie génomique de la reproduction

- **Directeur de recherche Inserm ; à l'Université de Rennes 1 depuis 2007**
- **Doctorat de l'Université de Vienne (1992)**
- **Post-doctorat à l'Institut Pasteur, Paris (1993-1996)**
- **Post-doctorat à l'Université de Chicago (1997-1999)**
- **Assistant de recherche à l'Institut de génétique humaine, Montpellier (2000-2001)**
- **Professeur-assistant à l'Université de Bale (Suisse) (2001-2006)**
- **Bourses EMBO (Paris), Erwin Schrödinger (Paris), AFM (Paris), Max Kade (Chicago) et FRM (Montpellier)**

De la reproduction sexuelle au cancer : peut-on faire la boucle ?

La formation des gamètes est un processus essentiel permettant d'assurer la reproduction tout en favorisant la diversité génétique. Son déroulement chez les mammifères est dépendant d'un très grand nombre de protéines présentes dans des cellules germinales. Si certains facteurs sont connus pour leurs implications directes ou indirectes dans le contrôle de la gamétogenèse, l'identification de l'ensemble de ces facteurs est très loin d'être achevée chez les mammifères et notamment chez l'homme. Les approches à haut débit de la biologie génomique contribuent grandement à une meilleure appréhension globale de la reproduction sexuelle, mais ces technologies produisent une quantité colossale d'informations impossible à exploiter sans une infrastructure considérable de bioinformatiques.

Le programme de recherche sur les réseaux de régulation gouvernant le déroulement de la gamétogenèse chez les mammifères, en parallèle avec le développement d'outils bioinformatiques novateurs constituent le centre d'intérêt principal de notre travail. Ces approches contribueront à une compréhension plus approfondie de la reproduction et nous permettront d'investiguer si la présence anormale de protéines des cellules germinales dans des organes autres que des gonades contribue à l'agressivité de certains cancers.

Notre but est donc de comprendre les mécanismes de la création de nouvelles vies afin de pouvoir mieux combattre les pathologies qui les détruisent.

« Renoncer à sa liberté, c'est renoncer à sa qualité d'Homme. »

Jean-Jacques Rousseau

Michel Samson

41 ans – Biologiste, spécialisé en biologie moléculaire et cellulaire

- **Chargé de Recherche Inserm ; à l'Université de Rennes 1 depuis 1997**
- **Doctorat de l'Université Paris XI - Orsay (1993)**
- **Post-doctorat à l'Institut de recherche de l'hôpital Érasme à l'Université Libre de Bruxelles (Belgique) (1994-1997)**
- **Chercheur à Genentech Inc, à San Francisco (États-Unis) (2002-2004)**
- **Boursier de la fondation de la recherche médicale**
- **Boursier de l'Inserm, boursier de l'EMBO, boursier de la Communauté européenne**

Réponses des médiateurs de l'inflammation dans les infections virales hépatiques.

Les infections par les virus de l'hépatite B et C sont extrêmement répandues dans le monde, puisque plus de 500 millions de personnes sont porteurs chroniques de ces virus. Ces personnes présentent un risque très élevé de développer une cirrhose qui peut elle-même évoluer vers un cancer du foie. L'évolution de ces maladies infectieuses hépatiques vers la chronicité résulte d'un déclenchement d'une réponse immunitaire inadaptée et les mécanismes exacts qui conduisent les virus à échapper au système immunitaire sont encore mal connus.

Notre recherche s'intéresse à la cascade d'événements biologiques, et en particulier les molécules et les cellules de l'inflammation, qui survient depuis l'infection des cellules par les virus jusqu'au développement de la cirrhose hépatique. Nous étudions plus spécifiquement les chimiokines et les cytokines TH2, et leurs récepteurs respectifs dans leur contexte infectieux. Les cellules de l'immunité comme les cellules dendritiques et les cellules NKT qui peuvent orienter la réponse immunitaire acquise vers la voie TH1 (réponse cellulaire cytotoxique anti-virale) ou TH2 (réponse tolérogène pro-fibrosante) sont également étudiées au sein de notre équipe.

L'ensemble de ces médiateurs de l'inflammation représente une cible pharmacologique importante pour arrêter et permettre la réversion du processus amenant vers la cirrhose.

« La nature est un temple où de vivants piliers
Laissent parfois sortir de confuses paroles;
L'homme y passe à travers des forêts de symboles
Qui l'observent avec des regards familiers. »
Charles Baudelaire

Karin Tarte

35 ans — Pharmacien-biologiste, spécialisée en immunologie

- **Professeur des universités; à l'Université de Rennes 1 depuis 2003**
- **Praticien hospitalier au CHU de Rennes depuis 2003**
- **Doctorat de l'Université de Montpellier (1999)**
- **Chargée de recherche Inserm à Montpellier (2001-2002)**

Les lymphomes: une histoire de niche et d'os...

L'équipe de recherche microenvironnement et cancer que je dirige s'intéresse aux lymphomes, un groupe de cancer dont la fréquence ne cesse d'augmenter depuis quarante ans pour atteindre aujourd'hui le 7e rang des cancers en France. Certaines anomalies génétiques sont caractéristiques de ces pathologies mais elles ne permettent pas à elles seules d'expliquer l'émergence de la maladie. Ainsi, les cellules cancéreuses ont besoin d'une combinaison de facteurs extérieurs leur permettant de survivre et de se multiplier. Ces facteurs sont produits au sein de la tumeur par différentes cellules normales du patient qui constituent ce que l'on appelle la niche tumorale. Ainsi, les lymphomes se développent dans les ganglions mais également, chez la plupart des patients, dans la moelle osseuse, où apparaît alors un environnement cellulaire de soutien proche de celui des ganglions. Au sein de ces niches tumorales existe un dialogue permanent entre les cellules tumorales et les cellules normales de l'hôte, les premières induisant progressivement des modifications quantitatives et qualitatives de leur environnement pour le rendre plus favorable à leur croissance.

En particulier, certaines cellules souches de la moelle osseuse, les cellules souches mésenchymateuses, sont capables non seulement de donner naissance à de nombreux tissus sains (os, cartilage, muscle, tissu adipeux) d'où leur intérêt en médecine régénérative, mais peuvent également, au contact des cellules tumorales de lymphome, acquérir des propriétés de soutien permettant d'attirer les cellules cancéreuses et d'empêcher leur mort. Nous essayons de mieux comprendre ces interactions hôte-tumeur non seulement par des approches descriptives mais aussi par des approches fonctionnelles grâce à des modèles originaux de culture cellulaire *in vitro*. Ce travail pluridisciplinaire repose sur des liens privilégiés entre les chercheurs, les cliniciens en charge des patients et les laboratoires hospitaliers où sont traités les prélèvements. Au final, une meilleure compréhension des relations entre la tumeur et son microenvironnement devrait permettre d'identifier de nouvelles cibles permettant de développer des stratégies thérapeutiques innovantes dans ces pathologies au pronostic encore trop souvent défavorable.

Sciences humaines et sociales

Alexandra Bellayer-Roille
Samuel Corgne
Emmanuèle Cunningham-Sabot
Virginie Dardier
Sandrine Depeau
Vincent Dubreuil
Nathalie Hervé-Fournereau
Laurence Hubert-Moy
Éric Jamet
Gerhard Krauss
Grégor Marchand
Erwan Quesseveur
Christophe Vignon
Philippe Woloszyn

Les sciences humaines et sociales rassemblent nombre de domaines de recherche qui parfois ont plus de relations avec d'autres qu'entre eux. Nulle surprise à voir la géographie intégrer le CAREN et les psychologues travailler avec des équipes du secteur santé. À cette difficulté de situer ce vaste domaine s'ajoute celle de ce secteur qui peine à être pleinement reconnu comme activité de recherche scientifique. Cela explique en particulier le faible nombre d'équipes soutenues par les grands organismes de recherche.

Dans ce contexte difficile, généralisé au niveau national, il convient de mesurer les efforts d'un certain nombre d'équipes rennaises pour se faire connaître, pour structurer leurs activités de recherche en particulier au sein de la Maison des sciences de l'Homme de Bretagne.

Au cours des années passées, Rennes-Métropole a soutenu les projets de recherche du secteur Sciences Humaines et Sociales (SHS) dès lors qu'ils émanaient de chercheurs de qualité. Les pages qui suivent témoignent que dans ce domaine aussi, Rennes dispose d'un potentiel humain de qualité.

Les « coups de pouce » de Rennes-Métropole

2 allocations d'installation scientifique, 40 000 € chaque :

Mario Denti (2003)

Philippe Woloszyn (2007

7 allocations d'installation scientifique, 10 000 € chaque :

Samuel Corgne (2006)

Sandrine Depeau (2006)

Nathalie Hervé-Fournerau (2004)

Gerhard Krauss (2005)

Bruno Méniel (2004)

Erwann Quesseveur (2005)

Christophe Vignon (2007)

Participation à des acquisitions d'équipements scientifiques :

Institut de criminalogie (Loïck Villerbu) : 16 000 €

Études Arthurriennes (Jean-Pierre Montier) : 75 000 €

Espace recherche en langues (Françoise Dubosquet) : 100 000 €

« Il y a trois sortes d'hommes, les vivants, les morts et ceux qui vont en mer. »

Platon

Alexandra Bellayer-Roille

35 ans – Juriste de droit public, spécialisée en droit de l'Union européennes

- **Maître de conférences ; à l'Université Rennes 2 depuis 2000**
- **Doctorat de l'Université de Rennes 1 (1999)**
- **Prix de thèse de la faculté de droit de Rennes (2000)**

L'Europe de la mer : un nouvel équilibre juridique entre le navire et la terre.

Après avoir initié, dans le cadre de ma thèse, une étude des instruments juridiques permettant d'accroître la sécurité maritime dans les eaux de l'Union européenne (Erika, Prestige...), j'ai par la suite concentré mes recherches sur les moyens de lutte contre les différentes facettes de la criminalité en mer (narcotrafic, trafic de migrants, piraterie, criminalité environnementale...). Cette approche globale de la sécurité et de la sûreté en mer est devenue le « fil conducteur » de ma recherche au sein de mon laboratoire, le Centre De Recherches européennes de Rennes (CEDRE-IODE-FRE CNRS 2785) et me permet dorénavant d'appréhender la dimension « défense » des espaces et des intérêts, notamment maritimes, de l'Union européenne.

Ces recherches m'ont permis d'être sollicitée par différentes institutions nationales ou internationales pour procéder à des études juridiques en matière maritime (Conseil régional de Bretagne, ministère des Transports du Liban ou de la République démocratique du Congo...). M'appuyant sur des relations privilégiées aux Antilles françaises, mes préoccupations maritimes m'ont également conduite à m'intéresser au narcotrafic en mer des Caraïbes.

Je porte actuellement, au nom de l'Université de Rennes 2, un projet de création d'un master 2 « Études européennes – coopération euro-asiatique », totalement délocalisé au Vietnam. Le CNRS soutient cette initiative et me propose une mission de longue durée à Hanoï, afin d'y développer la recherche franco-asiatique en matière de Sciences Humaines et Sociales (SHS).

« La géographie est le seul art dans lequel les derniers ouvrages sont toujours les meilleurs. »
Voltaire

Samuel Corgne

31 ans — Géographe, spécialisé en climatologie et télédétection

- **Maître de conférences ; à l'Université Rennes 2 depuis 2005**
- **Doctorat à l'Université Rennes 2 en co-tutelle avec l'École nationale supérieure des télécommunications de Bretagne (ENSTB), (Brest) (2004)**
- **Séjours scientifiques à l'étranger : Abidjan (Côte d'Ivoire) (2001) ; Sherbrooke (Canada) (2007)**
- **Prix Bretagne jeune chercheur (2006)**

Suivi des changements d'occupation des sols par télédétection et impacts sur l'environnement (qualité de l'eau,...)

Les changements d'occupation et d'utilisation des terres sont un facteur clé du développement durable. Ils modifient de façon significative les interactions terre-atmosphère, influencent la biodiversité, les cycles biogéochimiques, entraînant la dégradation de la qualité de l'eau par exemple. Ils jouent également un rôle dans l'évolution des climats, comme le montrent les études évaluant l'impact des mutations d'usage des terres sur les modèles de circulation générale. Les effets des changements d'utilisation des sols sur les processus, les systèmes écologiques et sur les interactions terre-atmosphère sont désormais pris en compte dans les recherches menées sur le « changement global ». Les modèles de circulation atmosphérique générale, comme les modèles qui décrivent les échanges d'eau, d'énergie et de carbone entre la biosphère et l'atmosphère, requièrent des informations précises et spatialisées sur les changements de l'utilisation des sols, ce qui nécessite de développer des méthodes permettant de cartographier les changements d'occupation des sols à différentes échelles d'analyse. Le suivi du changement de l'occupation des sols est effectué de plus en plus souvent à partir de données de télédétection. Des images satellitales de type SPOT VEGETATION, d'une précision kilométrique, et plus récemment des images de moyenne résolution de type MODIS, dont la résolution spatiale peut atteindre 250 mètres, sont utilisées afin de réaliser des cartographies à l'échelle régionale comme la Bretagne. Elles permettent de déterminer des îlots parcellaires sans couvert végétal, dont les dynamiques spatio-temporelles doivent être validées par des études effectuées à une échelle plus fine : les données à haute résolution de type SPOT ou RADAR, d'une précision décamétrique, permettent ainsi de réaliser des cartographies de l'occupation des sols à l'échelle de la parcelle, l'analyse des changements étant produite à l'échelle du bassin versant en relation par exemple avec la qualité de l'eau. Ces cartes d'évolution de l'occupation des sols peuvent en effet être par la suite intégrées dans d'autres types de modèles agro-hydrologique, afin de mesurer d'éventuels impacts sur la qualité de l'eau (comme les matières organiques en Bretagne). Pour les acteurs locaux, ces cartes d'évolution d'occupation du sol représentent un outil d'aide à la décision pertinent pour la gestion et l'aménagement de leur territoire.

« J'ai des tas d'idées brillantes et nouvelles, mais les brillantes ne sont pas nouvelles, et les nouvelles ne sont pas brillantes. »
Marcel Achard

Emmanuèle Cunningham-Sabot

40 ans – Économiste, spécialisée en aménagement et urbanisme

- **Maître de conférences ; à l'Université Rennes 2 depuis 1997**
- **Doctorat de l'Université Jean-Monnet, Saint-Étienne (1996)**
- **Research Fellow associate au sein du département de géographie de l'Université de Glasgow (1998)**
- **Research Fellow au département de géographie de l'Université de Strathclyde (1996)**
- **Lauréate d'une bourse octroyée par la Royal Society of Edinburgh**
- **Lauréate d'une bourse européenne Marie Curie**

En avant le déclin ! ou le déclin mis en avant...

Mes activités de recherche se déroulent à l'Université Rennes 2 ainsi qu'au sein du groupe international de recherche « Shrinking Cities International Research Network™ » (SCIRN™) basé à l'Université de Berkeley. Elles portent sur le thème du déclin urbain et analysent les villes en déclin dans une perspective globale, à partir de l'étude approfondie de cas choisis pour leur exemplarité, à la fois sur le plan économique, social, environnemental, culturel et urbain.

À travers l'analyse des différents facteurs locaux (dans quelle mesure les contextes historiques et locaux jouent-ils un rôle ?) et des manifestations du déclin (quelles parties de la ville sont les plus affectées ?), nous souhaitons dégager différents « modèles » de déclin à l'échelle internationale.

En observant les réponses apportées par les acteurs (acteurs politiques, habitants, groupes de pression, entreprises...) nous souhaitons identifier les différentes stratégies : celles qui sont dominantes et celles qui le sont moins, ceux qui en sont les bénéficiaires et mesurer le degré de « porosité » des politiques urbaines au changement social et économique. La perception par les habitants des stratégies mises en œuvre fera aussi l'objet d'un film académique.

Le discours actuel sur les politiques urbaines montre encore ses affinités avec un modèle de croissance urbaine considéré comme universel, alors même que la croissance n'est plus le problème de nombreuses villes. Nous voudrions ouvrir la réflexion et le débat scientifique et politique sur l'émergence possible d'un nouveau paradigme non plus centré sur la croissance urbaine mais sur des formes de développement plus durables, contribuant dans le même temps à une redéfinition des formes de gouvernance à l'échelle des agglomérations.

« Seuls les psychologues inventent des mots pour des choses qui n'existent pas. »

Carl Gustav Jung

Virginie Dardier

35 ans — Psychologue, spécialisée en psychologie du développement et de l'éducation

- **Maître de conférences; à l'Université Rennes 2 depuis 2002**
- **Doctorat de l'Université de Paris V (2001)**

Parler... pour quoi faire?

Le langage est au cœur de nos activités quotidiennes. C'est un outil précieux que nous utilisons avec une étonnante facilité dès notre plus jeune âge. Cependant, l'apprentissage du langage est un phénomène complexe. Imaginons deux interlocuteurs, le premier dit « Il fait toujours beau en Bretagne », l'interprétation de cet énoncé peut varier selon le contexte.

En effet, il peut s'agir d'un simple constat concernant la réelle clémence du ciel breton ou d'un sarcasme... Ainsi, il existe souvent plusieurs interprétations possibles pour une même phrase mais les connaissances qu'ont les interlocuteurs des règles d'usage du langage leur permettent, en général, de se comprendre. Nos travaux se situent dans le domaine de la pragmatique développementale et, dans ce cadre, nous étudions comment les individus et notamment les enfants apprennent à utiliser le langage dans des contextes sociaux.

Actuellement, cette approche connaît un essor important dans le domaine des pathologies du langage. En effet, dans certaines pathologies, le langage semble « intact » mais des difficultés subtiles sont visibles par exemple dans la compréhension des formes complexes de langage (allusion, ironie, humour,...). Ces troubles constituent souvent des obstacles majeurs à l'insertion sociale des personnes atteintes. Nos travaux récents sont consacrés à l'étude de ces troubles pragmatiques chez des personnes (enfants, adultes) souffrant de lésions cérébrales et ont pour principal objectif d'améliorer l'évaluation et la prise en charge de ces déficits.

« La tendance la plus profonde de toute activité humaine est la marche vers l'équilibre. »
Jean Piaget

Sandrine Depeau

36 ans – Psychologue, spécialisée en psychologie sociale et environnementale

- **Chargée de recherche CNRS ; à l'Université Rennes 2 depuis 2005**
- **Doctorat de l'Université René-Descartes - Paris V (2003)**
- **Séjour scientifique à l'étranger : Monash University- Melbourne (Australie) (1999)**

Laisser une trace pour mieux comprendre ce qui est durable.

La marche n'est en rien une modalité nouvelle pour faire l'expérience de la ville. Elle apparaît néanmoins comme un champ de recherche émergent dans de nombreux domaines des sciences humaines, sociales et techniques au point de transformer les manières de penser les déplacements urbains. En particulier, ceux des enfants qui tiennent une place encore trop mineure dans la recherche urbaine. Il n'est cependant pas rare de lire et d'observer que les enfants d'aujourd'hui n'ont plus la liberté de leurs parents en matière de déplacements et d'usage de la ville. Pour autant, mes précédents travaux ont pu montrer que l'apprentissage de l'autonomie des enfants dépend en partie de la construction de la pensée spatiale (fondamentale dans l'évolution du sentiment de sécurité en ville) laquelle s'appuie sur les expériences actives des enfants, et en particulier celles de se déplacer qui requiert de nombreuses compétences. Entre autres expériences de déplacement, les trajets scolaires dont l'effet structurant sur le processus de mobilité et la socialisation des enfants reste à observer plus finement et de façon plus systématique. D'autant que de « nouvelles façons » de marcher pour aller à l'école (cf. les pedibus) se développent depuis quelques années et leurs conséquences sur le développement de l'enfant restent encore peu explorées.

En pratique, les manières d'approcher les déplacements dans les recherches et en particulier celle des enfants sont très diversifiées et utilisent classiquement des méthodes indirectes de recueil de comportements (journal de bord, entretien, questionnaire). Cependant, l'étude de la marche en milieux urbains exige de nouvelles logiques, où l'on s'intéresse non plus seulement aux lieux de destination mais également aux lieux parcourus au cours du déplacement dont les choix et préférences ne sont pas dus qu'au hasard mais à la qualité sociale, esthétique, sensorielle du paysage (par exemple, la notion de raccourci pour un enfant n'est pas qu'une question de métrique ; et elle est souvent faite de nombreux détours !).

Dans cet objectif, une méthode d'observation discrète des déplacements urbains est développée à partir de « traceurs » GPS confiés aux petits marcheurs volontaires. En rappelant, que cet outil sert uniquement les objectifs du chercheur et aucunement les désirs de surveillance et de contrôle des enfants par les adultes (et en l'occurrence des parents), les analyses spatiales issues des données relevées par GPS devraient contribuer à la requalification des espaces publics et permettre de comprendre l'impact des premiers déplacements sur la mobilité en général, voire sur la mobilité future.

« La nature est tour à tour la mère et la fille de l'homme. »
Charles Péguy

Vincent Dubreuil

41 ans – Géographe, spécialisé en climatologie

- **Maître de conférences ; à l'Université Rennes 2 depuis 1995**
- **École normale supérieure de Paris**
- **Doctorat de l'Université Rennes 2 (1994)**
- **Mention spéciale au Prix Bretagne jeune chercheur (1995).**

Pionnier sur le front.

Le suivi de la déforestation dans la zone tropicale est devenu un enjeu scientifique et citoyen majeur dans le cadre du « global change ». L'Amazonie, de loin la plus importante des forêts tropicales avec ses 6 millions de kilomètres carrés, a donc focalisé un nombre considérable de travaux. Formant la plus grande partie de l'actuel arc de déforestation, le nord de l'état du Mato Grosso (Brésil) a ainsi connu depuis les années soixante dix un mouvement de conquête agricole qui a entraîné la conversion de vastes surfaces de forêt tropicale (5 000 à 10 000 km^2 par an !) en terres agricoles, principalement dévolues à l'élevage ou à la culture mécanisée du soja.

Parallèlement, le passage des questions environnementales au premier plan des préoccupations internationales a amené depuis le milieu des années quatre-vingt dix le financement de programmes internationaux de grande ampleur pour tenter de maîtriser le rythme de la destruction et permettre la préservation des zones les plus intéressantes sur le plan écologique. Ces deux dynamiques (déforestation/préservation), très actives à l'heure actuelle, ont de plus en plus de mal à coexister, chaque forme de gestion de l'espace revendiquant aujourd'hui des espaces dévolus à l'autre.

Dans cette région, l'essentiel de ces transformations se sont produites au cours des trente dernières années c'est-à-dire dans une période où les données de satellite sont devenues de plus en plus opératoires. Ces données de télédétection à multi-échelles sont désormais intégrées pour un suivi en continu des paysages et de l'occupation du sol et permettent la modélisation de ces changements dans le cadre de scénarii prospectifs.

Mon objectif de recherche principal est donc centré sur le Mato Grosso, dont l'étude est abordée comme celle d'une « région laboratoire » pour les interactions climat/sociétés actuelles et futures en Amazonie brésilienne. Plus précisément, les objectifs de recherches sont : quantifier et cartographier par télédétection les conditions climatiques et notamment mesurer l'impact climatique des changements des paysages, quantifier et modéliser au moyen des données de télédétection à diverses échelles l'ampleur et la nature des transformations d'occupation du sol et du paysage, identifier les logiques de ces nouvelles dynamiques spatiales de manière à proposer aux décideurs une base de réflexion pour la détermination des politiques les plus adaptées dans le cadre d'un développement durable.

« *Enfants ! Faites attention aux baobabs !* »

Antoine de Saint-Exupéry

Nathalie Hervé-Fournereau

40 ans – Juriste, spécialisée en droit communautaire de l'environnement

Chargée de recherche CNRS ; à l'Université de Rennes 1 depuis 2005

Doctorat de l'Université de Rennes 1 (1998)

Les paradoxes du droit de l'environnement.

À l'instar de Saint-Exupéry dessinant les baobabs, le droit de l'environnement est « animé par le sentiment de l'urgence ». Urgence d'un jeune droit exposé aux déséquilibres écologiques grandissants, urgence d'un droit confronté à une effectivité aléatoire, urgence d'un droit à l'environnement en construction. À ce sentiment de l'urgence s'ajoute celui des paradoxes, paradoxes de l'objectif de développement durable, paradoxes de la précaution, paradoxes d'un nouvel art de gouverner.

Dans le prolongement de mes travaux sur la compétence de la Communauté européenne en matière de protection de l'environnement je poursuis mes recherches sur le droit communautaire de l'environnement dans trois directions. Tout d'abord, j'étudie le processus d'intégration des exigences environnementales dans les politiques et les actions de la CE. Entre une politique de rupture « durable » ou la poursuite d'une simple correction de notre développement teinté de durabilité à moyen terme, l'Europe ne parvient pas à se situer clairement. Cette recherche complexe de cohérence environnementale s'avère contrastée et se heurte à l'indécision et à une certaine apathie des autorités communautaires et nationales. Elle implique d'améliorer substantiellement le dispositif existant et d'établir de nouveaux mécanismes procéduraux et institutionnels propres à renforcer l'intégration de l'environnement dans les politiques européennes « résistantes » (PAC, pêche, transports, commerce, coopération au développement...).

J'apprécie également les expressions juridiques du concept ambivalent de gouvernance environnementale qui entraîne dans son sillage un chapelet de notions, telles celles de partage des responsabilités communes mais différenciées (Rio), de partenariat (Johannesburg), de responsabilité sociétale des entreprises. Dès 1972, la Commission européenne souligne que « l'environnement est l'affaire de tous ». Une telle affirmation conduit à apprécier l'évolution des compétences des autorités publiques et leur articulation à l'échelle des trois ordres juridiques (national, communautaire et international) et la contribution des différents acteurs (en l'espèce, le juge, les entreprises, le public) à la conception et à la mise en œuvre du droit communautaire de l'environnement. L'application contrariée de ce droit, notamment à l'échelle de la Bretagne, renforce la nécessité de s'interroger sur les raisons et solutions propres à résoudre cette situation préoccupante.

Notre jeune équipe de l'Iode consolide ses liens tissés avec les scientifiques du CAREN (fédération de recherche en environnement) ; un ouvrage consacré aux regards croisés *Droit de l'environnement et sciences de la Vie*, est en cours de rédaction et réunira les contributions de juristes et de scientifiques du CAREN.

« Nous voguons sans cesse entre l'objet et sa démystification, impuissants à rendre sa totalité : car si nous pénétrons l'objet nous le libérons mais nous le détruisons ; et si nous lui laissons son poids, nous le respectons, mais nous le restituons encore mystifié. »

Roland Barthes

Laurence Hubert-Moy

45 ans — Géographe, spécialisée en télédétection

- **Professeur des universités ; à l'Université Rennes 2 depuis 2006**
- **Doctorat de l'Université Rennes 2 (1989)**
- **Post-doctorat à l'Université de Boston (États-Unis) (1997)**
- **Médaille de bronze du CNRS (2002)**

Télédétection et environnement : une relation qui s'affirme.

Géographe, j'étudie les changements d'occupation et d'utilisation des sols par télédétection. Le lancement des premiers satellites d'observation de la terre dans les années soixante-dix a bouleversé notre vision de la surface terrestre et des objets qui la composent. La télédétection se révèle être à la fois un outil d'inventaire (des écosystèmes forestiers, par exemple), d'analyse (en climatologie, par exemple) et d'aide à la prévision (en agriculture, par exemple). Ainsi, les principaux enjeux de l'observation de la Terre depuis l'espace sont scientifiques, économiques et prospectifs. Face au défi du changement global et à ses impacts sur l'environnement, les systèmes d'observation de la Terre sont aujourd'hui très sollicités pour répondre à ces enjeux. Ils servent à la compréhension et à la modélisation du fonctionnement des surfaces terrestres, mais aussi à la simulation de leurs évolutions spatio-temporelles sous l'effet du climat et des actions anthropiques.

Toutefois, l'utilisation des images de satellites n'est pas immédiate : elle génère un ensemble de recherches méthodologiques, de la conception d'indicateurs à la modélisation du signal reçu depuis la surface, son analyse spatio-temporelle, son inversion pour obtenir des informations sur les caractéristiques bio-géophysiques des surfaces et enfin l'assimilation des informations apportées par les images et/ou collectées sur le terrain dans des modèles de fonctionnement.

Le travail que je mène vise à développer des méthodes de traitement d'images de télédétection afin d'étudier des changements d'occupation et d'utilisation des sols à des échelles locales et régionales dans des contextes agricoles intensifs. Plus spécifiquement, elle cherche à mettre en évidence les structures paysagères et les usages des sols qui jouent un rôle sur les processus de circulation des polluants (nitrates, pesticides...) à la surface des sols et sur la biodiversité. Ainsi, mon travail s'est focalisé ces dernières années sur l'identification et le suivi de couverts végétaux sur les parcelles agricoles en hiver et sur la délimitation et la caractérisation des zones humides. Il est réalisé en collaboration avec des chercheurs de l'institut fédératif de recherche du CAREN et des chercheurs spécialisés en traitement du signal.

« Pourquoi faire simple quand on peut faire compliqué… »
Jacques Rouxel, les Shadoks

Éric Jamet

38 ans — Psychologue, spécialisé en psychologie cognitive et ergonomique

Professeur des universités ; à l'Université Rennes 2 depuis 1997

Doctorat de l'Université Rennes 2 (1995)

Des souris, des écrans et des hommes…

Mes travaux s'inscrivent dans le champ de la psychologie cognitive et ergonomique. Ils portent sur la compréhension des documents électroniques pédagogiques ou techniques ainsi que sur les difficultés d'utilisation de systèmes complexes d'interaction homme – machine. Il s'agit globalement d'étudier les comportements des utilisateurs pendant ces interactions, notamment en fonction du type de présentation de l'information utilisé, et d'évaluer l'efficacité de ces différents produits en fonction de la tâche réalisée.

Ces travaux ont alors des retombées directes en termes d'ergonomie sur les produits testés, par exemple sur la conception de documents pédagogiques (diaporamas informatiques, manuels, cédéroms, cours en ligne par exemple), de documents techniques (notices, didacticiels) ou des interfaces de logiciels ou de système de communication. Une partie de ces études est donc réalisée en collaboration directe avec des industriels. L'objectif est d'améliorer l'« utilisabilité » de ces produits, c'est-à-dire leur facilité d'usage, et indirectement leur efficacité.

Ces études sont réalisées notamment sur la base d'une méthode expérimentale de comparaison d'interfaces ou de produits faisant appel aux utilisateurs du produit. Elles permettent le recueil de données objectives liées, par exemple, à la qualité de l'apprentissage ou aux stratégies mises en place par les utilisateurs (notamment par l'enregistrement des mouvements oculaires) mais aussi de données plus subjectives liées par exemple aux intentions d'usages du produit ou à l'intérêt qu'il suscite.

Parmi les données recueillies pour mieux comprendre les comportements des utilisateurs, la plus spectaculaire est probablement celle qui consiste à enregistrer la position et les déplacements du regard sur l'écran à l'aide d'un système complexe d'eye-tracking. Il est alors possible de connaître très exactement les stratégies de consultation ou les zones d'intérêt mais aussi d'inférer de ces parcours les difficultés rencontrées par l'utilisateur du système. Et, malheureusement, ces difficultés sont beaucoup plus nombreuses qu'on ne le pense…

« Le sage est celui qui s'étonne de tout. »

André Gide

Gerhard Krauss

46 ans – Sociologue, spécialisé en sociologie de l'entreprise

- **Maître de conférences ; à l'Université Rennes 2 depuis 2005**
- **Doctorat de l'Université de Constance (Allemagne)**
- **Chercheur à l'Institut Max Planck Cologne puis à Stuttgart (Allemagne) et à l'Université de Californie à Los Angeles (États-Unis)**

Le sociologue est-il un sage ?

Aux frontières de la philosophie et de l'anthropologie, le sociologue est un curieux, il entre en « concurrence » avec ce que l'on appelle le sens commun. Développer de l'imagination sociologique pour voir les phénomènes de société autrement que tout un chacun, c'est l'une des principales préoccupations du chercheur en sociologie.

Mes travaux relèvent de la sociologie des organisations et de l'entreprise et, plus généralement de la sociologie économique, exemple : « les échecs des créations d'entreprises technologiques ou intensives en connaissances ». Les créateurs et leurs entreprises font partie de la société et d'un groupe d'organisations (par exemple : un système de production régional), et entretiennent des relations qui ne sont pas uniquement de nature économique. S'insérer dans un groupe, tisser des liens avec les autres est indispensable pour les créateurs et leurs jeunes entreprises afin de se faire reconnaître et pouvoir bénéficier du soutien d'autrui, et enfin pouvoir entrer en échange avec des clients et des fournisseurs. Plus l'activité s'écarte des modèles de référence établis (au niveau de l'organisation ou des affaires), plus le risque devient important - un problème central en particulier des jeunes start-up pionnières dans les secteurs technologiques émergents.

Quelle est donc la cause de leur échec ? Le financement uniquement ?

Cette question ouvre une problématique plus large, la mobilisation du soutien des autres et l'insertion dans un champ organisationnel.

Pour comprendre le phénomène des jeunes entreprises pionnières en échec dans les nouveaux secteurs technologiques, des études de cas d'entreprises ont été réalisées. Le souci de comprendre se traduit par une combinaison adéquate de différentes sources d'information : analyse secondaire de travaux et de statistiques, enquêtes de terrain (entretiens avec les créateurs d'entreprises, leurs proches, leurs partenaires, leurs bailleurs de fonds). Les enquêtes montrent clairement que les entreprises pionnières non seulement visent la réalisation des innovations technologiques, mais en même temps la création ou la modification d'institutions (au sens sociologique du terme : les usages établis). En outre, elles indiquent que le capital en relation dont disposent les entrepreneurs et leurs entreprises intervient comme variable clé ; importance peut être inattendue pour certains à l'époque d'un capitalisme high tech mondalisé.

« Pour comprendre son client, le psychologue l'écoute parler. Pour comprendre le sien, l'archéologue lui enlève des morceaux. »

Pierre Gouletquer

Grégor Marchand

39 ans – Archéologue

- **Chargé de recherche au CNRS ; à l'Université de Rennes 1 depuis 2000**
- **Doctorat de l'Université de Paris I (1997)**
- **Post-doctorat à l'Instituto Portuguès de Arqueologia Lisbonne (Portugal) (2000)**
- **Médaille de bronze du CNRS (2006)**

Archéologie des derniers nomades d'Europe atlantique.

Par deux fois au cours des douze derniers millénaires, les hommes ont été confrontés à des bouleversements majeurs de leur environnement et de leurs sociétés. Les réponses qu'ils ont alors imaginées ont eu des répercussions évidentes jusqu'à nos jours, notamment dans l'organisation des campagnes. Le premier coup de boutoir correspond au réchauffement climatique qui clôt la dernière glaciation, dix mille ans avant notre ère. La remontée de la mer de plus d'une centaine de mètres, le développement des forêts ou encore les changements de gibiers imposent alors de nouvelles organisations territoriales, comme de nouvelles techniques de chasse. Le second coup de boutoir intervient quatre mille ans plus tard, lorsque l'agriculture et l'élevage deviennent progressivement les sources de l'alimentation, tandis que se développent les hiérarchies sociales. L'ouest de l'Europe est alors la dernière station d'un long processus parti du Proche-Orient, fait d'échanges et de colonisation. Cette période intermédiaire entre les deux révolutions est qualifiée de Mésolithique. Elle est riche d'adaptations techniques, de changements sociaux, d'échanges et de mouvements de population. Nous en cherchons les traces dans l'outillage ou les restes alimentaires, imposant au matériel de nous évoquer l'immatériel.

Depuis la négociation foncière pour obtenir la précieuse autorisation de fouille auprès d'un agriculteur jusqu'à l'analyse au microscope des traces d'usure sur le tranchant des couteaux, le métier d'archéologue est particulièrement diversifié ! L'enquête archéologique fait intervenir de nombreux spécialistes, avec presque toujours en amont, un amateur ramassant des cailloux taillés dans un champ labouré. Mais le sens à donner à ces trouvailles naît de notre capacité à trouver des relations et donc à organiser les recherches. Depuis 2001, le laboratoire d'archéologie de l'Université de Rennes 1 est impliqué dans un réseau à l'échelle européenne, avec des financements divers, qui nous permet de comparer les processus en Irlande, Écosse, France et au Portugal. Appuyés sur de nombreuses opérations de terrain, des avancées importantes concernent par exemple la sédentarité, les régimes alimentaires ou les échanges de techniques entre chasseurs et agriculteurs.

« Toutes les manières de voir le monde sont bonnes pourvu qu'on en revienne. »

Nicolas Bouvier

Erwan Quesseveur

33 ans — Géographe, spécialisé en géomatique (traitement informatique de l'information géographique)

- **Maître de conférences ; à l'Université Rennes 2 depuis 2004**
- **Doctorat de l'Université de Grenoble 1 (2001)**
- **Maître de conférences à l'Université de technologie de Compiègne (2002-2004)**
- **Ingénieur de recherche contractuel au laboratoire de mammalogie de l'IRD au Mali (2001-2002)**

Le spatial est spécial, profitons-en !

Consulter une carte pour trouver son chemin ou pour analyser les impacts d'un futur aménagement est aujourd'hui très banal. Une carte reste pourtant un objet un peu magique qui peut rendre accessible et compréhensible un très grand nombre d'informations à la fois.

L'informatique aidant, on retrouve maintenant l'information géographique partout. La carte n'est plus seulement un outil de repérage dans l'espace, elle permet aussi de gérer et d'analyser les territoires, grâce à des dispositifs appelés Système d'Information Géographique (SIG).

On trouve aujourd'hui des SIG dans une multitude de secteurs d'activité, à l'image de la lutte contre les incendies, l'urbanisme, l'archéologie, l'écologie, la logistique, la santé publique, la géologie, ...

Dans ce contexte où l'information géographique est foisonnante et où les outils informatiques sont accessibles au plus grand nombre, les travaux de recherche que nous menons portent sur :

- De nouvelles modalités de représentation de l'information géographique. Pour permettre aux utilisateurs de cartes de se retrouver dans une information souvent pléthorique, on imagine de nouvelles solutions pour l'organiser. Les pistes explorées portent sur la visualisation de l'information géographique en trois dimensions, l'exploration de sa dimension temporelle ou encore, la structuration logique de l'information en fonction des usages (exploration, analyse, partage, collaboration).

- De nouvelles pratiques de l'information géographique. À ce titre, on imagine de nouveaux champs d'application des systèmes d'information géographique. C'est le cas par exemple dans un projet qui vise à anticiper les problèmes de pollution sonore aux abords des nouvelles infrastructures de transport. De la même façon, un travail est mené actuellement avec une chercheuse en psychologie environnementale pour explorer les possibilités d'analyse des représentations spatiales du territoire par la population à l'aide d'un SIG.

« Nulle science n'a de valeur si elle ne poursuit pas le "salut" de l'homme… la science qui n'a pas pour objet la délivrance est dépourvue de toute valeur. »

Mircea Eliade

Christophe Vignon

47 ans – Économiste, spécialisé en gestion des ressources humaines

- **Maître de conférences ; à l'Université de Rennes 1 depuis 2007**
- **Doctorat de l'Université de Lille 1 (1991)**
- **Post-doctorat à l'Université du Québec à Rimouski (Canada)**
- **2e prix de l'innovation pédagogique de la CIDEGEF (Conférence Internationale des Dirigeants des Institutions d'Enseignement supérieur et de recherche en Gestion d'Expression Française) - Montréal (2002).**

Former les managers de demain.

La recherche en management a un statut ambigu, et une existence qui surprend toujours les non-initiés à cette discipline. Que peut-on bien chercher en la matière ? N'y a-t-il pas un danger à vouloir optimiser les processus organisationnels au détriment des personnes ?

De nombreuses enquêtes nous montrent en effet que la santé de nos concitoyens au travail s'est fortement dégradée depuis le début du XXIe siècle. Le comportement de l'encadrement est souvent stigmatisé. Pourtant la santé des cadres elle aussi se dégrade car ils sont pris entre les projets stratégiques des directions et les réalités concrètes des acteurs de terrains. À eux de rendre opérationnelles des politiques abstraites parfois contradictoires.

Notre rôle en tant qu'IGR/IAE est de former ces futurs managers. Or, l'enseignement du management est souvent conçu comme la transmission de savoirs techniques rationnels alors même que sa pratique repose essentiellement sur des interactions complexes où la dimension affective prime.

Depuis plusieurs années j'ai, avec mes collègues, développé des dispositifs de formation-action au sein de l'université basés sur le principe suivant : que les personnes ne soient ni aliénées dans une pratique qui engendre leur propre souffrance et celle de leurs collègues et collaborateurs, ni réduites à une impuissance cynique. C'est dans cette logique de recherche appliquée qu'avec mes collègues de l'IGR/IAE nous développons des recherches basées sur une pédagogie qui amène les cadres et futurs cadres à réfléchir à leurs propres pratiques.

« La connaissance parle, mais la sagesse écoute. »

Jimmy Hendrix

Philippe Woloszyn

45 ans — Architecte, acousticien, spécialisé en géométrie multiscalaire

- **Chargé de recherche au CNRS ; à l'Université Rennes 2 depuis 2007**
- **Diplômé de l'École nationale supérieure d'architecture de Strasbourg (1983-1991)**
- **Doctorat de l'Université de Nantes (1998)**
- **Médaillé de bronze du CNRS (2003)**

Le son n'a pas dit son dernier mot.

Comment le son est-il transformé par les façades des bâtiments, comment est-il ressenti ? Deux questions au cœur de la problématique de mes recherches. Prenant en compte les différentes échelles de la ville, je me propose de développer une métrique à la fois physique et perceptive par la traduction acoustique du comportement géométrique de l'architecture urbaine, avant d'étudier l'inscription du ressenti sonore des ambiances ainsi modulées sur l'empan de notre perception. Jetant les bases d'un modèle de prévision et de restitution des ambiances sonores urbaines, l'objectif est de mettre au point des outils et méthodes d'aide à la décision pour le « design sonore » du projet d'architecture en milieu urbain.

Les disciplines mobilisées pour l'étude des aspects physiques relèvent principalement de la géométrie fractale, permettant une lecture multiéchelle des objets étudiés, à la fois *in situ* et sur maquette. Par un traitement du signal adéquat, ce dimensionnement permet de retranscrire la dynamique phénoménale des éléments constituant le paysage sonore urbain.

L'interaction formes/phénomènes une fois résolue, l'objectif suivant est d'introduire l'homme dans la « boucle » de simulation espace urbain/processus physiques via l'analyse des facteurs perceptifs relatifs aux ambiances sonores. Cette caractérisation convie des protocoles expérimentaux propres à la psychophysique : les protocoles d'observations et d'enregistrements *in situ* sont relayés par des procédures de restitutions dans un environnement en réalité virtuelle constituant de fait une approche permettant de mieux contrôler l'analyse du comportement des sujets en situation d'immersion sonore.

L'intégration au laboratoire ESO (CNRS-Université de Rennes 2) nous permet un élargissement de cette connaissance vers la mise en place d'outils virtuels de médiation de l'intelligence territoriale, en s'appuyant sur la modélisation d'un système hypermédia dynamique appliqué à la ville. Ce système sera alimenté par l'acquisition et la restitution spatialisées de paysages sonores urbains en réalité augmentée, destinées à immerger les publics dans les trois dimensions de l'environnement sonore de nos métropoles rugissantes.

Remerciements

Mes remerciements vont tout d'abord à Edmond Hervé sans qui rien de tout ce que j'ai fait n'aurait été possible. En m'accordant pour ce domaine de l'enseignement supérieur et de la recherche, domaine important à ses yeux, délégation et surtout sa confiance, il m'a permis de mener à bien la politique qui fait de Rennes-Métropole un soutien actif et constant à la recherche scientifique rennaise.

J'ai toujours pensé que cette confiance trouvait ses fondements dans la communauté de vue que nous avons concernant la place de l'Université dans la Cité et que cette vision partagée était celle de « gens de peu » qui doivent beaucoup, pour ne pas dire tout, à l'École !

Pour préparer, mener à bien un projet politique il faut un appui administratif et technique de qualité. Je veux ici exprimer ma gratitude à l'administration de Rennes-Métropole auprès de laquelle j'ai toujours trouvé appui et conseils. Bien entendu cela concerne plus spécialement le service d'enseignement supérieur et recherche, sous la direction de Cathy Racault.

Mais tout au long de ces années, au quotidien, m'ont été très utiles, les compétences professionnelles, la disponibilité de Stéphanie Cahour et d'Anne-Yvonne Cozic. Qu'elles trouvent ici un «grand merci ». Grâce à elles tout m'a semblé facile tant elles ont fait pour, à chaque difficulté, trouver une solution.

Et puis il faut comprendre le milieu universitaire, pouvoir y puiser inspiration. Un très grand nombre de responsables d'établissements, de laboratoires, d'unités de recherche m'ont apporté suggestions et conseils. De manière plus approfondie, trois amis m'ont fait comprendre ce qu'était la recherche scientifique. Que Jean-Pierre Brun, Jacques Lenfant et Michel Philippe trouvent ici l'expression de ma reconnaissance.

Enfin ma gratitude va aux chercheurs qui, chaque jour, dans les laboratoires rennais font avancer la science et contribuent au rayonnement de notre agglomération.

Je les remercie pour cela mais aussi pour m'avoir aidé à mener à bien un projet qui me tient à cœur, celui de la diffusion de la culture scientifique.

J'ai toujours trouvé chez eux une attention, une patience et une passion pour m'expliquer leurs travaux, leurs projets. Aller à leur rencontre, me rendre dans leurs laboratoires pour dialoguer avec eux n'a jamais été pour moi un effort mais toujours un plaisir.

Du fond du coeur je les remercie pour la qualité des relations qui se sont tissées au fil du temps. Ce livre se veut témoignage de ces relations, il leur est dédié.

Index

Éditions Apogée
11, rue du Noyer
35000 Rennes
T : 02 99 32 45 95 / F : 02 99 32 45 98
apogee.rennes@wanadoo.fr

Dépôt légal : mars 2008

Achevé d'imprimer en France sur les presses de l'imprimerie Barnéoud, Bonchamp-lès-Laval